MW01531314

20~30岁，
你的出路在哪里？

——帮助千万青年读者打开人生的行动指南！

金正浩／著

化学工业出版社
·北京·

20～30岁，是一生中最好的年华。未来有无限可能，怎样才是正确的打开方式？只有冲破眼前的重重迷雾，才能为自己找到一条清晰的道路。

本书送给年轻读者一些成功者或是过来人的经验和方法，帮助年轻读者改变自己的思维方式，提高人生技能，点燃追求梦想的激情，让年轻读者能够全面地提升自我，不断提升自己的价值，创造自己想要的人生。

图书在版编目（CIP）数据

20～30岁，你的出路在哪里？／金正浩著. —北京：化学工业出版社，2017.7
ISBN 978-7-122-29833-1

Ⅰ.①2… Ⅱ.①金… Ⅲ.①成功心理-青年读物 Ⅳ.①B848.4-49

中国版本图书馆CIP数据核字（2017）第118919号

责任编辑：郑叶琳　张焕强　　　　　　装帧设计：韩　飞
责任校对：王　静

出版发行：化学工业出版社（北京市东城区青年湖南街13号　邮政编码100011）
印　　装：三河市双峰印刷装订有限公司
880mm×1230mm　1/32　印张9　字数169千字　2017年6月北京第1版第1次印刷

购书咨询：010-64518888（传真：010-64519715）　　售后服务：010-64518899
网　　址：http://www.cip.com.cn
凡购买本书，如有缺损质量问题，本社销售中心负责调换。

定　　价：32.00元　　　　　　　　　　　　　　　版权所有　违者必究

序言／让你的未来现在就来

20 ~ 30岁之间的你，处于一生中最好的年华，学有所成，精力旺盛，激情豪迈。年轻是你们最大的资本，未来有无限可能。于是你相信，不用多久，自己就会升职加薪，当上总经理，出任CEO，迎娶白富美，走上人生巅峰。

然而，这个时期可能也是你一生中最窘迫的时期。这一时期的你，除了青春和满腔热情之外，可能一无所有。没有钱，没有地位，没有事业，没有足够的能力，没有人脉，什么都没有，只有迷惘的前途。

前路固然光芒万丈，可是，怎样才是人生的正确打开方式？

于是，二十多岁的你，内心会遭受各种撕扯。然而你懂的，沉溺于那些负面情绪，只会让你的处境越来越糟糕。

怎么办呢？只有冲破眼前的重重迷雾，为自己找到一条清晰的道路。

道理很多人都懂得，包括你。但请你想想看，自己身边有多少人能够做到？许许多多的人，都在不断跳槽和试错中度过了二十多岁的十年，然后在三十岁来临时，依着惯性的力量继续从事自己既不喜欢又不擅长，而且也不能为自己带来财务自由和时间自由的工作。只因为，那份工作他们熟悉了。

　　再然后，随着年龄越来越大，跳槽的成本越来越高，他们也就放弃了改变的念头。于是，最终在"当初我要是……"的懊恼和遗憾中了此一生。

　　这就是你想要的人生吗？

　　如果不是，现在你还有机会改变。你需要做的，就是理清思路，试着让自己的思维更全面、眼光更长远，然后，为自己制订计划，并且严格执行。

　　当然，真的开始行动时，你发现远没有这么简单。作为自己人生的导演，你可能面临手足无措的困境，因为这个命题如此重大。你一旦不能准确定位，人生就将错位，让自己多走很多弯路。

　　而在你认准了某条道路以后，问题并没有结束，而是刚刚开始，因为前方有无数考验在等着你。成功的滋味虽然美妙，成长就未必了，然而只有经受得起成长的痛楚，你才配得上享受成功的美好。

可是，一大碗"鸡汤"和无知者无畏的勇敢，并不足以成就美好的人生，你还需要有真才实学，这与你的学历没有太大关系，而跟你肯不肯思考、有没有不断充电密切相关。用你的观察、分析、思考能力，加上知识和经验，你才可能成为人才。

这依然不够，除了智商，你还需要有高情商。那些学校未曾教给你的学问，不是不重要，而是太重要了，重要到需要让这个社会一点点教给你，让你刻骨铭心地记得。

这一切的一切，都是越早了解越好、你必须要明白的。

那么，就从现在开始吧，让我们一起，把人生看成是一场和自己的博弈，做好人生规划，更有效地管理时间和行为，或许，成为自己想成为的人，就不再仅仅只是梦想。

努力，让未来现在就来！

目录
contents

目录
contents

/第二章/　这十年，你要如何打开自己的人生？

目录
contents

/第三章/ 这十年，你需要掌握这个本领

目录
contents

目录
contents

目录
contents

■

/第六章/　这十年，你要提高自己的情商

目录
contents

/第七章/ 这十年，你要掌控自己的时间和效率

目录 contents

/第八章/　这十年，你还需要一点点自控力

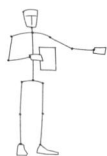

第一章

这十年，你的出路在哪里？

· 属于你的人生，终于开始了

　　读书的时候，全世界对你的期望似乎只有一个——考上大学，考上好大学。

　　至于读完大学以后做什么，可能没有人告诉你。然而，你的人生，从此才真正开始。

　　那么，在一个新的起点面前，你的出路在哪里呢？

　　这个问题，你思考得越早越好。**如果不能得出答案，我这里有一个建议：做自己感兴趣、最有激情和最擅长的事情。**

　　倘若你对投资有一星半点了解，不会不知道巴菲特，但你可能不知道，他从小就是一个内向而敏感的孩子。很多人都嘲笑他缓慢的行动、迟钝的思维，无论是读书还是在生活中，他的表现甚至都不如一般的孩子。

在27岁之前，巴菲特尝试过无数的工作，销售、法律顾问、管理一家小厂，但始终都没有什么建树。直到有一天，他将自己的兴趣所在——数字和自我价值的实现——成为一名投资家结合起来，扭转了职业发展的方向。在明确的职业规划引导下，巴菲特拒绝了许多外来的诱惑，也承受住了巨大的压力，坚定不移地按着自己的职业发展道路前进，最终实现了一番惊人成就。

拥有自己的生活，致力于自己的兴趣，不要因为别人的质疑而左右摇摆，成熟审慎地把握自己，无论命运的钟摆多么无常，你也能拥有属于自己的成功。

然而，很多人还没等到别人质疑，就自己放弃了。

放弃的原因有很多，或者说，借口有很多。但归根到底，是你自己不想坚持。

有一天，一位青年漫步在香榭丽舍大街上，欣赏着流光溢彩的都市繁华。他是从法国偏远乡村来到首都寻梦的青年，怀揣着自己的梦想，却觉得自己身份卑微，除了年轻的梦想，几乎没有任何优势可言，如果仅靠自己的能力，梦想是没有办法实现的。于是，他开始四处拜访自己崇拜的社会名流，但迎接他的却是一连串的失望，没有人愿意帮助他。

渐渐地，这位青年开始质疑自己的梦想，拖着疲惫的身子在黄昏的大街上徘徊。他奇异的举止，引起了一位精神矍铄老者的注意。老者慢慢走到他面前，问道："年轻人，有什么需要帮助的吗？"

年轻人沮丧地说："我有一个很大的梦想，但我的能力没有办法去实现，我觉得这不是属于我的梦想。现在，我的梦想就只是想吃顿饭。"

于是，他被带到世界最高档的餐厅，坐在柔软的沙发上，并被告知菜单上所有的菜肴他都可以任意点，最后由老者来付账。

原来，那位老者正是这家饭店最大的股东亨利先生。

"谢谢您，我懂得自己该怎么做了……"他放下手中的菜单，向老人道别之后离开了饭店，以后很长时间都没有他的消息。

十年后的一天，亨利突然接到一个人的电话。他叫凯特，近年来在零售业界不断制造奇迹，他想要专程来拜谢亨利，因为亨利曾帮他走上了成功之路。原来他就是多年前的那位年轻人。

凯特激动地说："谢谢亨利先生，正是您让我真切地触摸到了梦想原来可以那样实实在在，原来我们都可以拥有自己的梦想。我在那一刻懂得了——**别人固然能够帮助自己实现梦想，但那只是短暂一瞬，我应该把梦想握在自己的手里，像许多成功者那样，去一点一点地顽强打拼。**"

当然，这个坚持的过程并不容易，因为如同这个世界上所有美好的东西一样，"成就"也是稀缺资源，不易得到。在这一艰难的长途跋涉中，如果有志同道合的朋友，那就再好不过了。

因为，**人毕竟是社会性动物，有人陪伴前行，艰难坎坷带来的苦痛会减少一些，而欢乐欣喜会增加更多。**

因而，从现实角度来讲，拥有志同道合的朋友，对于我们人生价值和梦想有着巨大的推动作用。

伟大的科学家爱因斯坦的成长、成才，就与他的朋友——相对论的"助产士"米凯尔·贝索分不开。年轻时的爱因斯坦，是在贝索的支持和帮助下，才确定了"相对论"这样一个非常有价值的追求目标，并矢志不渝地为之奋斗终生。

刚进入大学的爱因斯坦，因为一次偶然机缘，结识了已经毕业的校友米凯尔·贝索。两人志同道合，相互欣赏而成了莫逆之交。贝索知识渊博，思维敏锐，喜欢批判哲学。当他把马赫的《力学史》推荐给爱因斯坦，并和他一起探讨问题后，爱因斯坦对人生奋斗目标的选择就更加明确了。

在贝索的帮助下，年轻的爱因斯坦掌握了马赫的批判之剑，开始向屹立不倒200多年的牛顿力学挑战，他在26岁时发表了《论动体的电动力学》，独立而完整地提出了狭义相对论原理。在爱因斯坦的这篇文章中，没有任何参考文献，却唯独加进了对米凯尔·贝索的感谢。

正因为贝索对爱因斯坦的人生追求、目标选择起着无比重要的作用，世人把贝索称为相对论的"助产士"。晚年时，爱因斯坦仍然念念不忘贝索对他的帮助："在整个欧洲，我找不到一个比他更好的知音。"

　　所以，**拥有志同道合的朋友，是人生的重要课题，愿你能早早拥有这种幸运。**

　　这样一来，当你带着热情、梦想、坚持、挚友一起上路时，未来就不再是虚无缥缈的一团迷雾，它将会真实可感地握在你的手中，让你为时光赋予意义，并且创造属于自己的璀璨人生。

· 人生是一部戏，导演就是你自己

　　对于二十多岁，正是意气风发、踌躇满志的你来说，我说"人生是一部戏，导演就是你自己"，相信你不会有什么异议，因为你真的这样想。

　　然而，当你踏上真正的人生征途后，你会发现，原来生活中却有那么多身不由己、无可奈何。这个时候，你仍然会拥有曾经无比笃定的那种自信吗？

　　在春风得意的顺境中，人人都恍若上帝，感觉一切尽在自己掌控之中；然而一到"风刀霜剑严相逼"的时刻，在这种最需要你拿出超人一般信心的时刻，能做到的人却寥若晨星。

　　我们都喜欢看剧情一波三折的电影，眼看着主人公就要被逼上绝路了，却突然出现了转机，或是化险为夷，或是柳暗花明，总之最后的结局总是圆满的，于是我们心生欢喜。

可是回到我们自己身上，遇到山重水复疑无路时，我们就相信真的没有出路了。至于电影，"电影大部分都是虚构的，那些绝处逢生的情节，是导演的刻意安排，哪儿能真的出现呢？"

其实很多人忘了，自己就是导演，你的人生由你来自导自演，所以你也可以像电影中一样，为自己找一条出路，即使是面临绝境也能找到希望之路。

有一个名叫琳达的女孩，自小就患上大脑性瘫痪。她表现出的症状很可怖：手足常常乱动，眯着眼，仰着头，张着嘴巴，口里念叨着模糊不清的词语，模样十分怪异。但琳达却有坚强的毅力。她靠顽强的意志和毅力，考上了著名的加州大学，并获得了艺术博士学位。

在一次座谈中，一个不懂事的中学生竟然问道："琳达，你从小就长成这个样子，请问你怎么看你自己？"在场的人都在责怪这个学生有些不敬，但琳达却十分坦然地在黑板上写下了这么几行字："每个人都是自己生活的导演，我相信我能让我的舞台变得精彩！"

在印度曾经发生了这样一个故事。

印度很多村庄旁边都有河流，村民平时洗衣做饭都要到河里取水。一天，一位母亲带着女儿到河边去洗衣服，女儿在一旁玩耍，可是却没看到河里潜伏着的鳄鱼。

结果，鳄鱼一跃而起，咬住了女儿的手臂。母亲听到哭声，急忙过来拉住女儿的另一只手臂。鳄鱼的力量之大可想而知，它可以把一头野牛拖入水中，可以把一匹马撕碎。

然而，母亲知道，只要自己一松手，女儿就会被鳄鱼吃掉。所以她用尽了全身的力气，决不放手。最终，那只鳄鱼放弃了争斗，松开大嘴，游回河里。这位伟大的母亲拯救了自己的女儿，因此印度民众授予这位母亲"最英勇、最伟大的母亲"的称号。

有时候，生活就像一只鳄鱼，紧紧地咬住了你的手臂，眼看就要吞噬一切。这时你要如何找到出路呢？首先你必须不放弃。是要坚持，还是要松手，有时只在一念之间，而结果却可能有着天壤之别。

你瞧，**人生的剧本可以由自己来写，我们拥有的一切，也都要靠我们自己来创造**。相信自己，我们就能导演好自己的前程和未来。

二十世纪初，一架飞机飞越太平洋时出现了故障，结果掉进海里。飞机上所有人中只有一人奇迹般生还。他流落到了一个孤岛上。他在岛上整整待了三年，最后被偶然路过的一艘轮船搭救。

后来，记者采访这位"现代鲁滨逊"，问他经历了这场磨难后，到底有什么感想。他回答说："很难想象，飞机坠毁后，我居然活了下来。但周围是什么呢？除了大海还是大海，这个孤岛就像一个露天的牢房，你根本不要想着能逃出去。于是，我意识到自己只有先活下来。我想尽一切办法填饱肚子，然后绞尽脑汁思考怎样不会被风吹雨打。在孤岛上我总在想：新鲜的淡水，能填饱肚子的食物真是人生最大的幸福，拥有这些，我就很知足了……"

人生的处境有时就好比孤岛，当你发现逃不出去，没有食物，也没有淡水的时候，就容易感到绝望。但假如你是一个优秀的"人生导演"，你就决不会为这些状况而消沉太久的时间，因为你有活下去的愿望，所以会想尽一切办法寻找食物和淡水。

绝处能不能逢生，靠的不是运气，也不是谁的怜悯，而取决于你究竟愿不愿意。不管身处什么环境下都不要气馁，要为自己去寻找出路，因为一切都是有可能的，没有什么不能战胜。只要你相信，人生剧情的好坏，全在于你的安排。

· 如果你不会定位，人生一定"错位"

有两位少年在厕所相遇，其中一个找另一个戴帽子的借了点儿手纸。等出了厕所，两人边走边聊。

戴帽子的说："最近家里逼着我学钢琴，可我怎么都弹不好，郁闷啊！"

借手纸那位诧异地说："钢琴有什么难学的？我从五岁开始弹，现在越弹越溜。倒是我家里人老逼着我写诗，烦哪！"

戴帽子的一听乐了，从背着的挎包里拿出一沓稿纸："哥们儿就爱写诗，喏，这都是，不行你拿走回家交差去。"

亮点在结尾处，原来，这个不爱学琴的，就是大诗人歌德；不爱写诗的，则是莫扎特。

　　故事讲完了。通过这个故事，我想说的是：**人，一定要认清自己，懂得定位。**

　　同样是孜孜不倦地为工作、为生活奔忙，但不同的人取得的成就却相差甚远：有的人谈笑之间功成名就，事业顺风顺水；有的人则始终在原地打转，人生的各个方面都难有突破。

　　人与人之间的际遇纵然差别很大，但其中一个重要原因就在于你是否能为自己准确地定位。

　　如果你无法在人生旅程中为自己正确定位，不知道自己的方向是什么，一切都有可能会徒劳无功。

　　定位，通俗地讲就是寻找一个适合的位置。**一个人要想不活得稀里糊涂、浑浑噩噩，就要学会先给自己定好位——想做什么、能做什么、怎样去做，以及成为一个什么样的人。**

　　人这一生，总要不遗余力地让生命有意义。我们不能总是走到哪儿算哪儿，懂得定位，就可以学会以理性的态度追求更好的生存状态。这样，才能把命运的主动权握在自己手中。

　　所以说，定位能改变人生，你给自己的定位是什么，你就是什么。如果想改变自己，首先要给自己一个明确的定位。

　　人这一生，不论你从事什么职业，处于哪个阶段，扮演何种角色，无论你是自觉的，还是不自觉的，其实都在随时选择着自己的定位。

　　一般来讲，只有定位准确或近似准确了，你才能融入集体，较好地履行你的职责，施展你的才华，做一些对周围、对集体、对社会有益的事情。否则，轻者你可能难以融入这个集体，做事欲速不达；重者可能还会招来非议，到处碰壁，甚至被你周围的游戏规则所淘汰。正是从这个意义上讲，解决好个人的定位问题，对每个人来讲都是非常重要的。

另外，一个人不管是对未来有宏图大志，还是希望以后有好的改观，首先都应该认清自己、定位自己，这样才会有明确的努力方向。如果能认清自己的专长，再给自己一个清晰、准确的定位，然后发挥专长，必然能够成就大事。

只有当一个人选择了适合他的工作，找到了适合他的位置时，他才有可能获得成功。就像一个火车头一样，它只有在铁轨上才是强大的，一旦脱离轨道，它就寸步难行。

马克·吐温作为职业作家和演说家，取得了极大的成功，可谓名扬四海。

也许你不知道，马克·吐温在试图成为一名商人时却栽了跟头，吃尽苦头。马克·吐温投资开发打字机，最后赔掉了5万美元，一无所获。马克·吐温看见出版商因为发行他的作品赚了大钱，心里很不服气，也想发这笔财，于是他开办了一家出版公司。然而，经商与写作毕竟风马牛不相及，马克·吐温很快陷入了困境，这次短暂的商业经历以出版公司破产倒闭而告终，作家本人也陷入了债务危机。

经过两次打击，马克·吐温终于认识到自己毫无商业才能，于是断了经商的念头，开始在全国巡回演说。而这次，风趣幽默、才思敏捷的马克·吐温完全没有了商场中的狼狈，重新找回了感觉。最终，马克·吐温靠写作与演讲还清了所有债务。

马克·吐温取得了成功，是因为他终于明确了他自己的定位，及时调整了自己的方向，从适合他自己的角度入手。

那些找到了自己最擅长的职业的人，才掌握了自己的命运，并把自己的优势发挥到淋漓尽致的程度，这些人跨越了弱者的门槛，迈进了成大事者之列。

相反，那些因为不知道自己"对口职业"的人，总是别别扭扭地做着不擅长的事，因此，始终不能脱颖而出，更谈不上成大事了。

世界上大多数人都是平凡人，但大多数平凡人都希望自己成为不平凡的人——成大事的人，梦想成大事，才华获得赏识，能力得到肯定，拥有名誉、地位、财富。不过，遗憾的是，真正能做到的人，似乎总是不多。

大多数的人都爱羡慕别人，或者模仿别人做事，很少花时间精力认清自己的专长，了解自己的能力，然后锁定目标，全力以赴，所以难成大事。这种人，只能怪罪自己。

当然，定位并不算容易，因为"认识你自己"在古今中外都很难。

所以，我们往往一时很难弄清楚自己的定位，这就需要你在实践中善于发现自己、认识自己，不断地了解自己能干什么、不能干什么，并且善于听取、分析别人的评价，如此才能取己所长、避己所短，进而取得成功。

而且，定位仅仅是自我管理的起点，在已经有了正确定位之后，还要按照定位所确定的道路走下去。对于没有行动力、不能约束自己的人来说，多么正确的定位都无济于事。

· 成功的人都有一个共同点

翻开很多成功人士的人生履历你会发现，他们都有一个共同点：他们很有"野心"。

不管你怎样看待"野心"这个词，都要知道，想成为一个"野心家"并不容易，因为野心与很多因素有着千丝万缕的联系，遗传、家庭、社会、文化都会影响野心的养成。"野心家"不一定会成功，但没有"野心"一定不会成功，它是通往成功的第一步。

什么是"野心家"？简单地说，就是认定自己一定会成为所属行业的佼佼者。

"野心家"不是简简单单的光有"野心"，还需要很多别的素质

协助，只有具备了这些，才可以成为一个真正的"野心家"。

那么，都需要什么素质呢？

⊙**爱好**。

成功者的爱好和事业往往是一回事，他们所做的就是自己喜欢做的，因此在工作中很容易得到快乐和满足，这反过来又成为他们向更高处攀登的动力。

⊙**明确的目标**。

并非所有半路出家的人都不能修成正果，但一个不可忽视的事实是，你着手准备得越早，创业时就能比别人更快地步入正轨。

高尔夫球坛的王者泰戈·伍兹就是一个成功的例子。

6岁时，伍兹就一边对着镜子练习挥杆，一边听励志磁带。"自己的命运自己创造"，这是伍兹从小树立的信念。21岁时，他已成为有史以来最年轻的世界排名第一的高尔夫球手。伍兹保持着一项至今无人超越的纪录——他赢得的奖金数额高达5600万美元。

⊙**头脑**。

有了目标，还得有实现目标的方法，这需要精明的头脑和良好的规划。

玛莎·斯图尔特小时候就有罕见的商业眼光。小学时，她就开始做"代理"：她为同学组织生日晚会、提供饮料和食品，从中赚取差价。如今，她拥有一家杂志社、两个电视节目、一个卫星电台，还经营畅销书和家装用品。

⊙**勤奋。**

一个人如果眼高手低、自以为是，那么他将一事无成。所有的成功者都是勤勤恳恳的，任何小事都会百分之百地全力以赴。

⊙**自信。**

如果任何事情还没有进行你就认定它是无法完成的，那么，将全世界最优秀的团队和最好的资源给你，你也不会成功。

詹妮弗·洛佩兹进入演艺圈时，只是个普普通通的跳舞女郎，但她从未失去自信。当她和索尼唱片公司签约时，她坚持讨价还价，要求"得到头等的待遇，一切都是顶尖的"。后来，她售出4000万张唱片，成为身价最高的好莱坞拉丁裔女星。

汤姆·克鲁斯得到的第一个角色是在高中时参加一场音乐剧的演出，之后，他要求家人给他10年时间，他一定会在演艺界取得成就。结果，4年不到，他已经在《危险的行业》一片中脱颖而出。

现在，这位超级巨星每部片子的片酬高达数千万美元。

一个有爱好、有头脑，勤奋、自信的"野心家"，将会是一个信念坚定的"野心家"。他认定自己会成功而且不畏任何阻挠，并最终获得成功。

因为，**人的行为是受自我信念所控制的，如果每个人能拥有正确的信念，就有突破逆境的决心，与达成目标的可能。**

我相信我们每一个人所拥有的信念，是一个非常宝贵的，因为那是每一个人的独特意志。

想成功的人，请把自己培养成为一个信念坚定的"野心家"吧，那也是成功者的共同点。

· 如何成为你想成为的人？

一个乞丐站在路旁卖橘子，一名商人路过，向乞丐面前的纸盒里投入几枚硬币后，就匆匆忙忙地走了。过了一会儿后，商人又回来了。他说："对不起，我忘了拿橘子，因为你我毕竟都是商人。"

几年后，这位商人参加一次高级酒会，遇见了一位衣冠楚楚的先生向他敬酒致谢，并告知说：他就是当初卖橘子的乞丐。而他生活的改变，完全得益于商人的那句话：你我都是商人。

这一生，你想成为怎样的人，你才能成为一个怎样的人。

汽车大王福特从小就在头脑中构想能够在路上行走的机器，用来代替牲口和人力。虽然全家人都要他在农场做助手，但福特坚信自己可以成为一名机械师。

于是，他用一年的时间完成了别人要三年才能完成的机械师培训，随后他花两年多时间研究蒸汽原理，试图实现他的梦想，但没有成功。

之后他又投入到汽车研究上来，每天都梦想制造出一部汽车。他的创意被发明家爱迪生所赏识，邀请他到底特律的公司担任工程师。经过十年努力，他成功地制造了第一部汽车引擎。

这一生，你想成为怎样的人，你就会成为怎样的人。

但是，**首先你要敢想**。

迈克尔在从商以前，曾是一家酒店的服务生，替客人搬行李、擦车。

有一天，一辆豪华的劳斯莱斯轿车停在酒店门口，车主吩咐道："把车洗洗。"迈克尔那时刚刚中学毕业，从未见过这么漂亮的车子，不免有几分惊喜。

他边洗边欣赏这辆车，擦完后，忍不住拉开车门，想上去享受一番。

这时，正巧领班走了出来。"你在干什么？"领班训斥道，"你不知道自己的身份和地位？你这种人一辈子也不配坐劳斯莱斯！"

受辱的迈克尔从此发誓："这辈子我不但要坐上劳斯莱斯，还要拥有自己的劳斯莱斯！"这成了他人生的奋斗目标。许多年后，当他事业有成时，他买了一部劳斯莱斯轿车。

如果迈克尔也像领班一样认定自己的命运，那么，也许今天他还在替人擦车、搬行李，最多做一个领班。可见，人生目标对一个人是何等重要啊！

1949年，一位24岁的年轻人充满自信地走进了美国通用汽车公司，应聘会计职位。这位年轻人来通用应聘只是因为父亲告诉他，通用汽车公司是一家经营良好的公司，建议他去看看。于是，这位年轻人就来了。

面试的时候，这位年轻人的自信给面试官留下了深刻的印象。当时，通用公司只有一个会计名额，面试官告诉这位年轻人，竞争这个职位的人非常多，而且，对于一个新手来说，可能很难立即胜任这个职位。

但是，这位年轻人根本没有认为这是一个困难，相反，他认为自己完全可以胜任这个职位。更重要的是，他认为自己是一个善于自我激励、自我规划的人。

正是由于具有自我激励和自我规划的能力，他被录用了！录用他的面试官这样对秘书说："我刚刚雇佣了一个想成为通用汽车公司董事长的人！"这位年轻人就是罗杰·史密斯，从1981年1月1日至1990年7月31日，他一直担任通用汽车公司的董事长。

罗杰在通用汽车公司的一位同事阿特·韦斯特这样评价他："在与罗杰合作的一个月当中，他不止一次地告诉我，他将来要成为通用汽车公司的总裁。"

所以，一定要敢"想"，敢想才会去做。试想，一个连想都没

想过要去成功的人，怎么会去努力拼搏，获得成功呢？

你这一生想成为怎样的人呢？是总裁，是优秀的学者，还是其他的什么？如果此时你惊讶地发现，还未对自己有明确的定位，那也不算晚，就从此刻开始，规划自己的未来吧。

接下来，就该行动了。

有一位年轻人，他是一个普普通通的计算机程序员，但擅长作曲，他的才华在朋友中广为流传，他每天都沉浸在作曲的乐趣当中。

直到有一天，听了他的曲子之后，一位新认识的姑娘看着他的眼睛，认真问他："你有没有想过自己要成为什么样的人？"

程序员笑着说："我要成为世界上最棒的作曲家。"

"你是真的很想吗？那你喜欢你现在的工作吗？"

他回答："我真的很讨厌现在的工作，要是我能当作曲家就好了，可是我得养家糊口……"

姑娘打断了他，用坚定的眼神看着他说："假如说你要成为世界上最棒的作曲家，首先你要在世界上小有名气，那你要到维也纳去，因为那是音乐的圣地；但在此之前你写的歌曲应该是我们这个城市的第一名，所以现在你就要把自己所有的曲子编排顺序，对吧？你现在就可以动手去做。"

年轻人默然。

想归想，想过之后是否身体力行地去做，才是更重要的，否则

只能冠以空想家的帽子，被他人嘲笑。因此，有理想，更要有执行力，才能最终实现理想。

而在执行的过程中，我们最需要的，可能就是自我激励了。

一个名叫坎贝尔的女子徒步穿越非洲，不但战胜了森林和沙漠，更是罕见地独自通过了400公里的空旷地带。当有人问她为什么能完成这令人难以想象的壮举时，她回答说："因为我说过我能。"问她对谁说过这句话，她的回答是："对自己说过。"

每一个人的内心都存在着需求激励的欲望，只有激励才能激起他的激情和热情。因此，如果一个人在其他条件都具备的情况下，又善于自我激励，他成功的概率就会高得多。

· 洛克菲勒给儿子的一封信

约翰·戴维森·洛克菲勒是美国最为著名的实业家之一，他是美国的超级资本家、石油大王——美孚石油公司（标准石油公司）就是由他创办的。

这位洛克菲勒异常冷静，又极其精明。他还富有远见，凭借自己独有的魄力和手段，一步步建立起庞大的商业帝国，也积攒了巨大的财富。

对于中国人来说，"富不过三代"似乎是铁一样的定律，然而洛克菲勒家族至今已绵延六代，仍未现颓废和没落的迹象。这与他们的财富观念和从小对子女的教育息息相关。

每每有人问洛克菲勒成功的秘诀是什么时，洛克菲勒笑着告诉他：信心是成功之父！自信是最大的也是唯一的秘诀！

洛克菲勒曾在公开场合表示，他最想让儿子继承的不是金钱，不是庞大的商业帝国，而是他一直信奉的自信心。

现在，让我们来看看这位超级成功者是如何教育儿子的。

在给儿子的第九封信中，他有过这样的阐述：

亲爱的约翰：

你说得很对，雄才大略的智慧可以创造奇迹。然而，现实是：创造奇迹的人总是寥若晨星，而泛泛之流却在辈出。

耐人寻味的是，人人都想要大有所为。每一个人都想要获得一些最美好的东西。每一个人都不喜欢巴结别人，过着平庸的日子。也没有人觉得自己是二流人物，或觉得自己是被迫进入这种境况的。

难道我们没有雄才大略的智慧吗？不！最实用的成功智慧早已写在《圣经》之中，那就是"坚定不移的信心足可移山"。可为什么还有那么多失败者呢？我想那是因为真正相信自己能够移山的人不多，结果，真正做到的人也不多。

绝大多数的人都视那句圣言为荒谬的想法，认为那是根本不可能的。我以为这些不会得救的人犯了一个常识性的错误，他们错把信心当成了"希望"。

不错，我们无法用"希望"移动一座高山，无法靠"希望"取得胜利或平步青云，也不能靠希望而拥有财富和地位。但是，信心的力量却能帮助我们移动一座山岳，换句话说就是，只要相信自己，我们就能够成功。

你也许认为我将信心的威力神奇或神秘化了，不！信心产生相信"我确实能做到"的态度，而相信"我确实能做到"的态度能产生创造成功所必备的能力、技巧与精力。每当你相信"我能做到"时，自然就会想出"如何解决"的方法，成功就诞生在成功解决问题之中。这就是信心发威的过程。

每一个人都"希望"有一天能登上最高阶层，享受随之而来的成功果实。但是他们绝大多数偏偏都不具备必需的信心与决心，他们也就无法达到顶点。也因为他们相信达不到，以致找不到登上巅峰的途径，他们的作为也就一直停留在一般人的水准。

但是，少部分人真的相信他们总有一天会成功。他们抱着"我就要登上巅峰"的心态来进行各项工作，并且凭着坚强的信心而达到目标。我以为我就是他们其中的一员。当我还是一个穷小子的时候，我就自信我一定会成为天下最富有的人，强烈的自信激励我想出各种可行的计划、方法、手段和技巧，一步步攀上了石油王国的顶峰。

我从不相信失败是成功之母，我相信信心是成功之父。胜利是一种习惯，失败也是一种习惯。如果想成功，就得取得持续性的胜利。我不喜欢取得一时的胜利，我要的是持续性胜利，只有这样我才能成为强者。信心激发了我成功的动力。

相信会有伟大的结果，是所有伟大的事业、书籍、剧本以及科学新知背后的动力。相信会成功，是已经成功的人所拥有的一项基本而绝对必备的要素。但失败者慷慨地丢掉了这些。

我曾与许多在生意场中失败过的人谈话，听过无数失败的理由与借口。这些失败者在说话的时候，时常会在无意中说："老实说，我并不以为它会行得通。""我在开始进行之前就感到不安了。""事实上，我对这件事情的失败并不会太惊奇。"采取"我暂且试试看，但我想还是不会有什么结果"的态度，最后一定会招致失败。"不信"是消极的力量。当你心中不以为然或产生怀疑时，你就会想出各种理由来支持你的"不信"。怀疑、不信、潜意识要失败的倾向，以及不是很想成功，都是失败的主因。心中存疑，就会失败。相信会胜利，就必定成功。

信心的大小决定了成就的大小。庸庸碌碌、过一天算一天的人，自以为做不了什么事，所以他们仅能得到很少的报酬。他们相信不能做出伟大的事情，他们就真的不能。他们认为自己很不重要，他们所做的每一件事都显得无足轻重。久而久之，连他们的言行举止也会表现得缺乏自信。如果他们不能将自信抬高，他们就会在自我评估中畏缩，变得越来越渺小。而且他们怎么看待自己，也会使别人怎么看待他们，于是这种人在众人的眼光下又会变得更渺小。

那些积极向前的人，肯定自己有更大的价值，他就能得到很高的报酬。他相信他能处理艰巨的任务，真的就能做到。他所做的每一件事情，他的待人接物，他的个性、想法和见解，都显示出他是专家，他是一位不可或缺的重要人物。照亮我的道路，不断给我勇气，让我愉快正视生活的、理想的，就是信心。在任何时候，我都不忘增强自信心。我用成功的信念取代失败的念头。当我面临困境时，想到的是"我会赢"，而不是"我可能会输"。当我与人竞争时，我想到的是"我跟他们一样好"，而不是"我无法跟他们相比"。机会出现时，我想到的是"我能做到"，而不是"我不能做到"。每个人迈向成功的第一个步骤，也是不能漏掉的基本步骤，就是要相信自己，要相信自己一定能够成功。要让关键性的想法"我会成功"支配我们的各种思考过程。成功的信念会激发我的心智，以创造出获得成功的计划。失败的意念正好相反，使我们去想一些会导致失败的念头。

我定期提醒自己：你比你想象的还要好。成功的人并不是超人。成功不需要超人的智力，不是看运气，也没有什么神秘之处。成功的人只是相信自己、肯定自己所作所为的平凡人。永远不要、绝对不要廉价出售自己。每个人都是他思想的产物：想的是小的目标，可预期的成果也是微小的；想到伟大的目标，就会赢得重大的成功。而伟大的创意与大计划通常比小的创意与计划要来得容易，至少不会更困难。

那些能够在商业、传教、写作、演戏以及其他成就的追求上达到最高峰的人，都是因为能够踏实、有恒地奉行一个自我发展与成长的计划。这项训练计划会为他们带来一系列的报酬：获得家人更尊敬的报酬；获得朋友与同事赞美的报酬；能觉得自己很有用的报酬；成为重要人物的报酬；收入增加、生活水准提高的报酬。

成功——成就——就是生命的最终目标。它需要我用积极的思考去呵护。当然，在任何时候我不能让信念出问题。

爱你的父亲

在这位成功人士看来，自信无疑是人生成功的第一大秘诀了。诚如他告诉儿子那样：只要相信我们能够成功，我们就会赢得成功。

他从来不相信失败是成功之母，但他相信信心是成功之父。你呢？

· 你认准的路，就是你未来的出路

　　一个父亲带着三个儿子到草原上猎杀野兔。

　　到达目的地，一切准备妥当，开始行动之前，父亲向三个儿子提出了一个问题："你们看到了什么？"

　　老大回答说："我看到了我们手里的猎枪、在草原上奔跑的野兔，还有一望无际的草原。"

　　父亲摇摇头说："不对！"

　　老二回答说："我看到了爸爸、哥哥、弟弟、猎枪、野兔，还有茫茫的草原。"

　　父亲还是摇摇头说："不对！"

　　老三回答说："我只看到了野兔！"

这时父亲才说:"你答对了!"

眼里只有自己的目标,不受其他东西诱惑。的确,迷失在各种各样目标中的人越来越多,专注于一项事业的人越来越少。

说到这里,我立刻想到了一个猎豹是如何抓兔子的故事。

在一望无际的非洲大草原上,一群兔子在草丛中欢快地嬉戏。

突然,一头猎豹扑向了兔群,兔群一下子像炸开了锅,兔子们开始四散奔逃。猎豹紧紧跟随着其中的一只兔子,穷追不舍。

在追逐的过程中,猎豹超过了一只只在旁边惊恐观望的兔子,却没有向这些更近的猎物看上一眼。它只是全力以赴,疯狂地追逐那只早就选好的兔子,它们比速度、比耐力、比技巧。终于,猎豹扑倒了它的猎物,将它死死按在了爪下。

在追逐兔子的过程中,猎豹为什么就死盯着那一只猎物,对它紧追不舍呢?

原因在于:猎豹如果在途中改变目标,追追这只兔子,又追追那只兔子,很快就会变得疲惫不堪,容易被那些动作敏捷的兔子甩到身后。那样做的结果,猎豹很可能会一只也抓不到。

所以,猎豹不会放弃已经被自己追累了的兔子,而去追其他兔子。漫无目标或者目标过多,都会阻碍我们的前进。心无旁骛地追求自己设定的目标,才是明智的选择。

歌德说,一个人不能骑两匹马,骑上这匹,就要丢掉那匹。

战略就是一种选择与放弃的学问,你决定做这个,就必须放弃

那个，鱼与熊掌不可兼得，否则将一无所获。

人的精力毕竟有限，一辈子不可能同时干成许多事情，正如豹子不可能同时去追赶许多兔子，目标选择过多，到头来连一只兔子都不会捕获到。而权衡自己的能力选择一个追求目标，然后集中精力、持之以恒地奋斗下去，获得成功的概率会大大提升。

我相信你一定知道，浅尝辄止者是不会成功的。有些人从来没有好好设计过自己的人生，目标很不明确，这种人看起来整天奔波忙碌，但干什么都不能专一、持久。他们一会儿想搞政治，一会儿又想经商，一会儿又想搞艺术，最终只能一事无成。

到处挖那是翻地，一直挖下去才是掘井。

世界上最"可怕"的人就是目标专一的人。所以，你要想经受住外界的诱惑，就一定要锁定自己的目标，决不改变，并不断告诫自己：属于你的野兔只有一只！

· 对失败的担忧，真的毫无必要

　　对失败的担忧，几乎是人类所有恐惧中最为普遍的一种了。失败意味着什么呢？意味着之前所有的努力都没有结果，意味着可能失去自己想要的东西，意味着可能会被别人嘲笑，意味着酿成一场灾难，甚至危及生命……所以，失败看起来是一个无比可恶的字眼，我们恨不得它在自己的字典中永远消失。

　　可是，和恐惧一样，失败也并非客观事实，而是我们的一种认知。对一部分人来说，失败意味着一个糟糕的结局；而对另外一部分人来说，失败意味着良好的开局，它是一个重新努力的跳板。就像学习滑雪时的摔倒一样，有了它，自己能够更快地掌握成功滑雪的要领。

当一位IBM的高级经理在一次错误交易中损失了几百万美元，以为自己一定会被这次失败的交易炒鱿鱼时，他对IBM的创始者托马斯·沃森说："对不起，我为自己的失败道歉，我无法赔偿公司的损失，只能引咎辞职。"而沃森却回答说："怎么可能？我们刚刚花了几百万美元培训你，你怎么可以在这个时候辞职？"

沃森的这一举动，沃尔特·迪斯尼公司的前董事长迈克尔·艾斯纳一定会举双手赞成。艾斯纳曾经说过这样一句话："一个像我们这样的公司必须创造出一种氛围，使得人们不必担心犯错误。这意味着形成一个组织，那里不仅可以容忍失败，而且也消除了因提出愚蠢想法而受到批评的恐惧。如果不是这样，人们就会变得过于小心谨慎，潜在的卓越想法永远不会被说出来，也不会被听到。只要失败没有变成一种习惯，它就是有益的。"

是的，只要失败没有变成一种习惯，它就是有益的。而我也相信，任何一个正常人，都不会习惯失败。所以，你还怕什么呢？失败带来的种种不利后果虽然可怕，但最可怕的是，你根本就没有勇气去尝试。

有一位叫琼斯的记者，如今他已声名显赫了，然而在刚出道时他却极为羞怯，也特别害怕失败。有一天，上司让他去采访大法官布兰德斯。还是新人的他大吃一惊，连连摆手，极为惶恐地说："不行不行，对方是大法官，根本不知道我是谁，怎么可能接受我的采访呢？"

他身边的一位同事见到这种情形，耸耸肩，拿起电话拨通了大法官秘书的办公室："您好，我是《华盛顿邮报》的记者琼斯，我奉命要采访布兰德斯法官，不知他今天是否能抽出几分钟时间接见我？"

琼斯听到他这么说担心得要命，恨不得夺过他的电话，他心想，这下自己要出丑了，这个名字会被列入黑名单吧？这时，电话那头传出声音："大法官今天没有时间，但这周三下午可以，两点五十，请准时。"

琼斯一下子愣住了。同事似笑非笑地看着他："琼斯先生，您的约会安排好了。"多年以后，已经功成名就的琼斯提起这件事还无比感慨："那位哈佛毕业的同事，给我上了二十多年来最重要的一课。从来没有人告诉我应该这样对待自己的担忧和恐惧。那一刻，**我明白了职业生涯中最重要的一个道理：把对失败的担忧抛在脑后，相信我自己一定可以成功，然后，该怎样做就怎样做，就这么简单。**"

是的，就这么简单。即便真的失败了那又怎样？尼采说："一项重大成果完成之后便属于人类了，而对自己来说，只不过是把他从失败的恐惧中解脱出来——现在我终于输得起了。"这种输得起是你自己挣来的，如果你一开始就把可能出现的失败已经考虑进去，并且满怀信心地准备好承受一切挫折和后果。那么，失败之后依然乐观并且平静的你，在这一点上已然成功了，不是吗？

事实上，如果你有一个好点子，但因为害怕失败而没有尝试，那就等于把成功尝试的机会送给了别人。想要赢，总得先让自己相信你能赢，不是吗？所以，对失败的担忧不是不可以有，只是它不能在你心里停留太久。对此，我建议你这样处理：

首先，设想出可能会发生的最糟糕的情况，然后问问自己是否能承受。这时，我希望你的答案是"我能"，因为年轻的你只要仍拥有自我，就没什么不能接受的。

然后，**让自己着眼于过程，而不是结果，这样做可以有效转移注意力，让你把关注点放在怎样进行周详的准备以便于成功，而不是万一失败了怎么做。**

当然，在着眼于过程时，你一定会提前化解自己看到的潜在风险。如果你看到了很多潜在风险，不必担心，每看到一个，都意味着将会减少一个意外，你也就离成功更近一步。

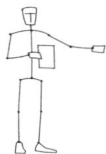

第二章

这十年，你要如何打开
自己的人生？

· 所有的成功，前提都是成长

在讲这个问题之前，首先我想跟大家谈谈"成长"这个概念。因为一名中学生曾经对我说："难道我能拒绝成长吗？我又不是彼得·潘，必然会成长的。"

没错，我们活着的每一秒，都会比上一秒变得更加衰老，似乎根本无须我们努力就必然要生长。

假设这样一个例子：你在18岁的时候倒头睡了一年，一年之后，你的年龄长了一岁，变成19岁。在这一年中，你"成长"了吗？

没有。因为，成长和生长是两个完全不同的概念，就像成熟和变老是两个概念一样。因此，并不是每一个正在生长的人都在经历

成长。

那么究竟什么是成长呢？成长不仅是一种经历，更是在经历中学习、进步，变得更加成熟、理性、宽容的过程。正因为有这些内涵，成长才与成功关系密切。

只可惜，身体的成长是不容抗拒的，心理的成长则不然。有些人到了六十岁，依然是二十岁的心智。

而且，同样是心理上的成长，有些人是主动选择的，有些人则是被动接受。主动选择的人会在风浪到来之前做好准备站稳脚跟，被动接受的人则只能在痛苦煎熬中不得不学习经验教训。这种成长上的差别，也就带来了不同的人生——有些人成功，有些人平庸。

有一次做完讲座后，有个年轻人找到我。虽然已经工作半年了，他还是难掩学生的青涩与稚嫩。他语速很快地向我倾诉了自己的愤怒，主要内容是关于上司和同事如何奸诈，让自己干最多的活却拿最少的报酬。最后他总结说："我本来对工作满腔热情，也在不断努力寻找新的创意，可是如果一直这样下去，我害怕自己为了不让他们侵吞我的成果而拒绝努力。"

我给他讲了一个著名的关于苹果树的故事：

"有一棵苹果树，结的果子又大又红，人人都想要。第一年，它结了10个苹果，被人拿走了9个，自己只剩下1个。于是苹果树很生气，它愤愤不平地自断经脉，不再生长，不再结果，这样那些可耻的人类就不能再夺走自己的果实了。可是，不再成长也不会结果的苹果树，很快失去了自己的价值。"

看了他一眼，我接着说："其实，它也可以做出这样的选择。第二年它继续结果，并且比第一年多。比如，它结了 100 个苹果，被人拿走 90 个，自己剩下 10 个。至少，它自己得到的比去年多了，不是吗？即便被人拿走了 99 个，也没关系。第三年，它可以继续生长，结 1000 个苹果。重要的不是被人拿走多少自己留下多少，而是你要一直成长，让自己变成一棵有价值的、成功的苹果树。"

他依然懊恼地说："我就是一棵苹果树，正在被人窃取果实。我所得到的，与我的期望值、与我应得的相差很远。"

我没有反驳他的说法，而是接着说："所以，你也想如苹果树一样自断经脉，拒绝成长，让自己的付出与收获相匹配是吗？但是，苹果树不结苹果，它自己也就得不到苹果。那么几年之后你就会发现，自己变成了一个平庸之人。所以，**不要拒绝成长为果实累累的苹果树，哪怕在此过程中你会失去很多果实，但你拥有的能力是别人夺不走的。**"

我想，很多年轻人都曾经有过类似想法吧。那时的我们，太看重眼前的得失，忘记了**人生原本是一个整体，我们历经的每一段都只是过程，都会对后来的结果产生影响。我们经历的所有付出和成长，都是送给未来的一份礼物。**

而且，成长是一生的事情，是一件永远都不会结束的事情。

虽然有时候看起来你没有进步，但在等待中坚守也是一种值得称赞的状态。就像屠格涅夫所说的那样："等待的方式有两种，一种是什么事也不做地空等，另一种是一边等，一边把事情向前推动。"用心并且尽力，你就在一点一滴地成长。

曾经担任美国最高法院大法官的霍尔姆斯说过这样一段话："当你迅速往前走时，过去的一切都将留在后面，不管是美好的成就，还是让人懊恼的失误。然后，你就可以迅速到达下一个目标，等你到达下一个目标之后就要抓紧时间重新开始。如果我和同伴一起行走，那我必须让他和我保持同样的速度，否则大家就会一起效率低下。当大家互相督促的时候，无论干什么事情都会保持较高的效率，这样就不会错过任何成功的机会。"

不浪费一丝一毫成长的契机，这样，成功就不远了吧。让我们有生之年的每一天，不是在逐渐变老，而是成长得更为成熟；不仅仅是在生长，更是在不断成长。

· 太过沉迷于网络，会让人慢慢变傻

毫无疑问，我们生活在一个网络社会。对很多人来说，即便这一生没有wife，也不能没有Wi-Fi。

我绝对不会否认互联网给我们生活带来的巨大便利，只是想强调，对各种信息应接不暇之余，耳中充斥各种声音时，一定要留出足够的时间多思考。

帕斯卡尔的《人是能够思想的芦苇》给过我很大影响，他在文中说：

"人只不过是一根芦苇，是自然界最脆弱的东西；但他是一根能思想的芦苇。用不着整个宇宙都拿起武器来才能毁灭，一口气、一滴水就足以使他丧命了。然而，纵使宇宙毁灭了他，人却仍然要比致他于死命的东西更高贵得多，因为他知道自己要死亡，以及宇宙对他所具有的优势，而宇宙对此却是一无所知。因而，我们全部的尊严就在于思想。"

根据他的说法，**人类之所以高贵，之所以伟大，是因为他们拥有思考的能力，拥有思想**。所以，每当我想要偷懒逃避，冒出"不想那么多"的念头时，都会问自己：我们是因为受到上天的格外垂青才拥有的思考的能力，你打算就这么丢弃它吗？

网络让一部分年轻人的思考能力越来越差。由于互联网上充斥着海量信息和各种吸引人的文字、影像资料，于是很多人花费大量时间浏览网页、在社交网站上更新状态，留给自己思考的时间越来越少。

所以，**一定不要过于沉迷网络，被信息海洋淹没。知识的获取越是便捷，我们越应该警惕思考的懒惰**。

我们要用自己的眼睛去观察，用自己的头脑去判断，而不是让自己的声音淹没在众人之中，让自己慢慢变傻。

渴望成功的你，或许会找来很多名人故事阅读。只是，比尔·盖茨、巴菲特、扎克伯格等人的成功，虽然可以让我们领会到哪些品质对成功有价值，但他们的成功是不可复制的。**想要成长、想要成功，我们必须自己独立思考，多想一点、想远一点**。

假如你认为自己不是一个不肯思考的人，那么让我来问你一个问题吧：假如你还是学生，某位同学或朋友患病需要高额医药费，你能怎么帮他？

当然，你可以卖小商品赚钱，可以打工，也可以帮他募捐，甚至向父母求助。但除此之外呢，你还能想到别的更有效的方法吗？

故事发生在六岁的迪兰和七岁的乔纳身上。乔纳患上了一种名叫糖原贮积症的罕见疾病，平均一百万人中才会有一个人染上此病。作为乔纳的好友，迪兰决定帮他筹集医药费——虽然他只有六岁，也知道医药费不是一笔小数目。

当爸爸妈妈建议他举办一个烘焙义卖会或柠檬水义卖站来募款时，迪兰拒绝了。他想出了更好的点子：出版一本关于他们最喜欢的巧克力棒的画册。

很快，迪兰就把一本名叫《Chocolate Bar》的画册放在了父母手里，请他们帮忙复印。画册的主角是巧克力棒，故事则是迪兰和乔纳最喜欢做的事，比如去海边玩等。

迪兰的父母请人帮忙印制了两百本画册举行义卖，还找到了一些巧克力棒厂商赞助。他们没想到，这本充满童趣和真爱的感人画册在几个小时内就销售一空，他们筹集到了6000美元。很快，这个数字就突破了10万美元。

后来，这两个小男孩和亲友一起，制作了一个简单的网站Chocolatebarbook.com.打开它，你可以看到两个可爱男孩的照

片、他们的募捐故事以及如何捐款等。

这个故事引起了越来越多人的注意，也开始被媒体报道，他们募集到的款项也越来越多，不仅可以帮助乔纳，还可以帮助像乔纳一样的小朋友。

这两个小男孩真是超级棒。我们欣赏的，除了真挚的感情之外，还有他的创意和努力。他没有采用爸爸、妈妈建议的常规方法，自己想出了点子。

我猜，这不是因为他智商更高或者更有爱心，而是他喜欢或者习惯了动脑筋，所以才这么棒，才可以在小小的年龄做出大大的成绩。

假如这个故事的主角换成你，你能想出更棒的点子吗？你的思想能给自己带来多强的力量？**任何时候，人类的体力差距都是有限的，但思想的差距，却没有人可以限制。**

回到我们自己身上，如果你需要我的建议，那么我希望你们多想想自己这一生到底想要什么。假如这个问题过大，你可以把它分解成这样：五年之后，我希望自己在做什么？十年之后，我希望自己处在什么位置？二十年之后，我希望拥有怎样的成就？生命即将结束的时候，完成了哪些事情我才不会遗憾？

不要以为你的回答只是虚无缥缈的愿望。倘若能够想明白这些问题，你就可以为自己的人生进行良好规划，你会更清楚自己应该朝怎样的方向前进。假如你自己都想不明白自己最希望走到哪里，又怎能要求别人帮你到达目的地呢?

　　从你清清楚楚地知道自己想要什么,到今天的工作应该怎样完成,我们所遇到的每一件事情,思考了再去做,和不管不顾就闷头去做,结果极有可能是天壤之别。

　　对每一个人来说,学会独立思考都是强大的第一步。那么,年轻的你,每天会用多少时间来思考?

· 你赢得了游戏，但赢不了现实的人生

　　我遇到不少年轻人，带着一副无所谓的样子说："年轻就是要玩耍，干吗要玩命？"可能他们忘了，上帝是公平的，人生终究会达到一种相对的平衡。如果你在年轻时尽情玩耍，很可能要在年老时不得不玩命。你打算怎样选择呢？

　　我并不否认，某些游戏可以提高你的思考敏捷度，提高大脑的反应能力。而且，玩游戏也可以让你得到一时的满足和快感，释放你过大的生活压力，帮你消磨"漫长"的无聊时光，帮你减少在现实生活中的挫败感，满足你拯救世界的英雄主义情结。甚至，那些暴力、血腥的场面可以调动起你人性中的征服欲。但是，我们从游戏中得到的种种成就感和满足感，不过都是美好的幻象。

想要玩游戏，就去玩好人生这场大游戏。除了网络游戏，你有更多更好的选择，不要让虚拟世界替代了你的真实生活。

其实，不只是青少年喜欢游戏，很多成年人甚至老人也对游戏情有独钟。

我家附近的超市，有一个四十多岁的理货员。和他熟悉了之后，得知年龄一大把的他酷爱玩游戏，我曾认真跟他交流过原因。

他很干脆地告诉我："因为游戏的世界很公平也很简单，只要付出就有回报。然而现实呢，我这一生一直在拼死拼活地努力奋斗，但命运回报我的是什么呢？"

我想了想，回答他："也许**生活给我们的回报，有一些是不能直接、切实看到的。它不像游戏一样，给我们的是即刻的那种满足，而会用长长的一段时间为你准备成就感。电脑屏幕上那些骄人的战绩和显赫的位置，终究只是虚幻的，而我们是生活在真切的现实中的。**"

他摇摇头："我不管那些，我只知道，玩游戏可以让我更快乐，它是我在这个无趣世界上少有的快乐来源。"

我想我明白了他的意思。

的确，在现实生活中，想要有收获，我们需要付出特别、特别多的努力，这个过程相当漫长而且辛苦。更何况，并不是你努力了就一定会有收获。所以，渴望回报、渴望奖励的我们开始选择逃避。我们逃避不公平的世界，逃避残酷的现实，逃避自己的不满，逃避应尽的责任……

而这些，游戏都可以很好地满足你的需求，它高效且直接地为你提供成就感，比学习、工作能提供给你的成就感要多太多了。于是，玩游戏变成了逃避生活的一种绝佳途径。只要我们不喜欢学习，不喜欢工作，不喜欢自己目前的生活，不喜欢自己需要做的事情，就有可能用玩游戏来逃避。

老实说，我不认为年轻人玩游戏会毁了这个世界。但毫无疑问，假如你在玩游戏的同时，伴随着时间观念的丧失，伴随着对吃饭、睡觉、上厕所等基本生理需求的忽视，那么，是时候反省一下自己对游戏的极度沉迷了。

你应该知道，沉迷在游戏中，对你的人生发展来说是弊大于利的。不过，**从某种程度上来说，对游戏的痴迷也是一种特别的专注。假如我们可以把这种专注转移到更有建设性的事情上，一定会得到大家都乐于见到的结果。**

喜欢玩游戏的年轻人，很多人也喜欢碧昂斯，或许你会认为她天生面容姣好、身材火辣、嗓音迷人，所以才会有今天的成就。可是你们知道吗？当你不眠不休地玩游戏时，她在不眠不休地做音乐。她曾经因为过于专注地工作，忘了自己三天没吃饭！

喜欢玩游戏的你们，很多人也喜欢50 Cent。那么你知道他为自己今天拥有的一切付出了多少吗？有人曾问他："50 Cent，你什么时候睡觉呢？" 50 Cent说："睡觉？只有破产的人才睡觉！我不睡觉，因为我现在有了一个实现梦想的机会！"

你可以在游戏的世界里纵横驰骋，得到极大的满足感。然而当回到残酷的现实世界中时，迎接你的只有更迷茫而无助，因为当你在虚拟世界中享受快感时，现实世界中无数的年轻人正在像碧昂斯和50 Cent一样拼搏，他们会把你远远抛在身后。

所以，问问自己：我渴望成功吗？

你当然可以做任何自己想做的事，包括玩游戏。可是假如你真的想要成功，想要一个足够精彩的人生，就要去狠狠逼自己一把。这个时候，你需要一个声音告诉你，这个世界上还有更重要的事。

· 告别依赖，你才能真正跑起来

对于大多数人来说，哈佛大学都是数一数二的名校。是什么成就了它呢？一个重要原因是，它一直把独立思想作为第一教育原则。

早在一百多年前，哈佛毕业生、著名哲学家和心理学家威廉·詹姆斯就曾说过："就培植自主与独立思想的苗床而言，除了哈佛大学，无出其右者。哈佛的环境不只**允许、而且鼓励人们从自己的特立独行中寻求乐趣**。相反，如果有朝一日哈佛想把她的孩子塑造成单一固定的性格，那将是哈佛的末日。"至今，哈佛大学仍恪守这一原则。

现在，年轻的你可以问问自己：我是否遇事没有主见？是否总是愿意跟在众人后面？是不是遇到事情总要问过很多人才敢做决定？是否会经常打电话给别人诉说自己的烦恼？是否经常因为一些小挫折郁闷很久？是否自信心不够？是否生活自理能力很差？是否不太受到同龄人的欢迎？在团队合作中是否常常成为他人的拖累？面对激烈的竞争是否很容易退缩……假如你有这些表现或类似表现，是时候反省一下自己的独立性了。

德国法律中明文规定：孩子6岁之前可以只玩耍，不用做家务；6~10岁，要偶尔帮父母洗碗、扫地、买东西；10~14岁，要洗碗、扫地、剪草坪以及帮全家人擦鞋；14~16岁，要洗汽车、整理花园；16~18岁，如果是父母都上班的孩子，每周要给家里大扫除一次。如果孩子不愿意做家务，父母是有权利向法院提出申诉的。

你会不会觉得小题大做呢？德国人不这么认为。不管是家长还是孩子，他们都清楚，这条法律的初衷是为了让孩子通过做家务，尽快学会自立、自强。他们不会担心孩子因此有负面情绪，因为基本上，只要你对孩子关爱得当，就可以给予他们安全感。与此同时，你要给他们更多独立做事的机会，这样才能让他们在自由空间中更好地成长。

我的孩子们小时候，我也会让他们干一些诸如洗碗、擦地之类的家务。不是我不够爱他们，而是不想让他们有依赖心理。**依赖是分为很多种的，有精神依赖，也有物质依赖。它们一旦产生，就会**

牢牢掌控你，让你臣服于它们，为以后的生活带来巨大障碍。所以，即便深爱自己的孩子，为了他们的成长，我也不愿意他们对我有情感依恋。

从心理学上来看，孩子们的依赖心理大都需要父母负责。当你还是婴儿的时候，离开父母的呵护是无法生存的。这时候在你心里，父母是万能的，他们保护你、养育你、满足你的一切需要，你必须依赖他们。

然而，随着年岁渐渐增长，假如父母仍然试图这么对你，久而久之，你就会形成对他们的依赖心理，失去长大和自立的机会，最终任何事都需要他人帮忙做决定，从而终其一生都不能对自己的人生负责，这将是多么可怕的后果。

你现在还是依赖别人的孩子吗？

别人的怀抱不管多温暖，都不可能永远做你的庇护所，迟早有一天，你不得不走上独立的道路，而这一天越早来临越好。不管是谁的责任，假如你在即将成年或者已经成年之后依然有依赖心理，就要自己努力克服了。

首先，你要检查自己的行为，然后列出一个清单，把自己习惯性地依赖别人去做的事与习惯自己做决定的事分列出来，每想到可以补充的条目就随时更新。

两周之后，检查你的记录。将所有事情按照自主意识的强弱分为三个等级。对于自主意识较强的事，应该坚持下去；自主意识中等的事，要找出改进的方法并且逐步实现；自主意识较差的事，要先在听从他人意见时加入一些自我创造色彩，然后逐步强化自主意识。

你还可以通过挑战自我来增强自己的勇气，让自己早日告别依赖。比如，你可以每周做一件在自己看来略带冒险性质的事，可以是独自一人去附近旅行，也可以是独自去游乐场坐过山车。不管你打算做些什么，都切记坚持一条原则：一定是自己行动，没有别人的陪伴，这就杜绝了依赖的可能。

除了自觉独立，不再主动依赖别人之外，我们也要防止"被动依赖"的产生，假如你身边有人患有"拖累症"，这种情形就很有可能出现。

所谓拖累症患者，指的是这样一种人，他们看到别人有苦难，就忍不住出手帮忙，而且是毫无原则地帮助。

表面上看起来，身边有这样一种人，你会特别幸福，什么都可以帮你料理，但实际上，正如美国心理学家斯考特·派克在他的著作《少有人走的路》中写到的那样，"我们不能剥夺另一个人从痛苦中受益的权利"。

假如有人总是帮你背负苦难，帮你化解一切难题，那么，他也就剥夺了你成长的能力。

· 疼痛的另一面就是进步

有一天小女儿放学回家，她很认真地跟我说："爸爸，我真的不想长大，我也想生活在'永无乡'里。"

我逗她说："你真的希望自己永远不要长大吗？你不羡慕妈妈和姐姐的漂亮衣服了吗？"

她一本正经地回答："可是长大要面临好多烦恼啊。"

"可是当那些烦恼再也威胁不到我们时，我们是不是变得更强大了？那些烦恼，其实是在帮我们进步呢。"

我妻子曾经很爱看一部情景剧，也许你们中也有人看过，叫《成长的烦恼》(*Growing Pains*)。成长的确总是伴随着"pains"，但倘若你真的得到了成长，当你走过那个人生阶段时，并不会觉得沉重与遗憾。**那些伤痛与烦恼，正是进步的代价、成长的标志。与它们遭遇，表示你迎来了一个快速成长的时期；与它们较量，你才能收获更有力量的自己。**

所以，一个足够成熟的人，从来不会畏惧疼痛，更不会诅咒疼痛，因为他们深知，疼痛是上天的礼物。

是的，你没看错，**疼痛是上天的礼物**。假如失去痛觉，你的生命会变成怎样呢？不用施展想象力，我可以给你展示那是多么可怕的一幅图景：

有一天，一个叫阿什琳的女孩在厨房搅拌拉面，她的母亲在客厅叠衣服。突然，勺子从女孩手中滑落，掉到正在沸腾的锅中。为了捞起勺子，她把手伸进锅里，把勺子从沸水中捞出来，然后看到自己伤痕累累的手，把它放在冷水中冲洗。

这时，她像是突然想起什么似的，叫喊母亲："我刚才把手放在开水里了！"母亲急匆匆地冲过来为她处理伤口。

类似的场景，在这个女孩身上不断上演，因为她感觉不到疼痛。疼痛是上天的礼物，可是她没有得到。于是，她会把手伸进开水里，会用温度极高的熨斗烫头发，会把自己手掌的皮肉点燃，会试图穿过正在燃烧的火堆……

总之，我们感觉到疼痛时会选择退缩，而她的身体虽然能够感知冷暖，但却无法感知疼痛，所以在伤害来临时不能采取有效措施保护自己。

　　虽然在学校，这个女孩被同学称为超人。但是所有大人都清楚，这是多么可怕的一件事，她会因为不能感知疼痛而不断伤害自己。很多患有此类病症的男孩子，早早就夭折了。

　　所以，虽然看起来疼痛是一份没有人想要的礼物，是一份我们不得不接受的礼物，但它却是无比重要的礼物。不管是生理上还是心理上的疼痛，都是生命之必需。因为那些让我们不愉快的感觉，正是生命保护自己的重要机制。如果带着审视的心理和爱来看待疼痛，它一定会成为丰厚的礼物。

　　比如，身体的痛让你知道了这样做对身体不好，你会明白有些事情最好不要做，才能更好地保护自己。心里的痛让你知道自己内心真实的想法，让我们看到内心的脆弱，并且在以后的日子里更好地保护它。

　　如果说痛的根源是压抑，那么，痛的痊愈就在于释放。不管是身体还是心灵的伤痛，让它释放出来，感受它，了解它，然后，转化它。在这个过程中，你会发现不知不觉中自己积累了更多的能量，获得了更大的进步。

　　不知道你有没有看过这样一幅素描，画作的名字是《快乐与疼痛的寓言》。在这幅画中出现的是一位男子的形象，他从腹部被分为两部分，腹部以下是一体的，而腹部以上则有两个躯干，两个有胡须的头和四只胳膊，像一对双胞胎。

　　对于这幅诡异的画，画家是这样解释的："快乐与疼痛犹如一对双胞胎，它们紧密相连，没有其中一个，就不会有另一个，它们彼此完全对应。它们之所以由同一躯干而生，是因为它们有共同的躯干和基础。"

正如大师所说，**让我们产生疼痛的根源，同样也可以产生喜悦。而这种喜悦，就包括看着自己成长、进步的快乐。**

或许，这个世界上并没有所谓的公平，但这个世界一定有所谓的平衡。我们的人生也一样，它终究会趋于平衡。倘若你在年轻的时候感知疼痛，从中汲取力量，就能获得更多处理问题的经验和能力，让自己拥有较为顺利的人生。倘若年轻的你选择逃避疼痛，拒绝成长，那么眼前看似平顺的日子背后，暗藏着以后的波涛汹涌。你愿意如何选择呢？

假如今天的你感觉到了疼痛，不要害怕，它或许不那么让你舒服，但一定会对你有用的。总有一天，你会感谢它带给你的勇气和力量，以及应对这个世界的能力。

· 成功，就藏在你迟迟不愿去做的事中

关于前进，如果要做一个最简单的区分，那一定是**主动前进和被动前进。虽然看似都在前进，但两者的差别不言而喻。一个是被迫的、无奈的、不情愿的，另一个是迫切的、主动的、心甘情愿的，结果当然也就千差万别了。**

看起来再简单不过的道理，可是，你千万不要不明白，也不要明白得太晚。

有一次在朋友家里听到了一段对话。当时，朋友的女儿接到一通电话，她的一位好朋友因为钢琴成绩优异，被一所著名大学录取了。

朋友的女儿接完电话，回过头来质问父亲："你当初为什么不

让我学钢琴呢？"

朋友委屈地说："当初我让你学钢琴，还给你请了专门的老师，但你又哭又闹，死活不肯学。后来虽然逼你学了一段，但终究效果不佳，我也只能放弃了。"

女儿沉默了一会儿说："那时候我几岁？"

父亲说："五岁。"

"那么你呢？那时候你几岁？"女儿接着质问父亲。

看到朋友不知道如何回答，我接过话来："亲爱的，那时候你只有五岁，爸爸是三十五岁。但是在对自己的决定负责任这方面，五岁和三十五岁没有差别。而且，你爸爸可以帮你做很多事情，唯独没有办法帮你学习、帮你成长。假如你自己不肯学，不管他怎样逼你，效果都不会太好的。你应该知道，为追逐蝴蝶而奔跑的你，和后面有一只野猪追着而奔跑的你，哪个能跑得更好。假如没了野猪，你可能就再也不肯跑了。但假如因为蝴蝶，你会很快乐、不知疲倦地奔跑。你说呢？"

我相信，你们尽管年轻，一定深知两者的差别。可是偶尔，你们会不会和我朋友的女儿犯同样的错误，把责任推到别人身上？会不会指责你的父母、老师、朋友、同学怎么不肯帮你，还逼你成长？你知道，这是很不成熟的一种表现。真正成熟的人，绝对不会这么做。

我在哈佛大学曾经听过一场印象深刻的演讲，演讲者是一位名叫赛因斯的企业家。

演讲一开始，赛因斯就告诉大家，和在座的诸位相比，他简直是一个天生的笨蛋。整个读书期间，他始终是那个坐在教室最后一排少言寡语的人。不管老师们怎么循循善诱，他始终提不起学习的兴趣。高中毕业时，他的成绩大都是C、D或者F。他认为像自己这样的笨蛋，这辈子也不会有出息了。

他当然没有去读大学，而是去了一家汽车修理厂。在那里，他发现自己突然像是换了一个人，对关于汽车的一切知识都如饥似渴。很快，赛因斯变成了一名技术熟练的修车工人。过了10年，赛因斯拥有了属于自己的连锁汽修厂，成为一名成功的企业家。

可是，尽管事业已经小有成就，赛因斯依然对自己曾经的求学经历耿耿于怀。尤其是参加当地的高层管理人员联谊会时，每当那些高学历的CEO们引经据典，他总是感觉自己抬不起头来。当年的读书成绩，让他给自己贴上了笨蛋的标签，与在座的众人相形见绌。

为了摆脱这种耻辱的感觉，他下定决心阅读一些管理方面的书籍。于是，他聘请了一位老师，每周用五天时间，每天拿出一个小时教他读书。本来心中充满忧虑的他发现，虽然艰难，但自己居然可以顺畅地阅读了。很快，他的阅读能力突飞猛进。后来，他已经可以试着跟大家一起交流对管理理论的认识了。

　　他说，他想用自己的经历去激励大家。**假如你真的能发自内心地去学习，就一定可以撕去贴在自己身上的所有负面标签，取得让自己都刮目相看的成果。学习是这样，做事情当然也是同样的道理。**

　　我承认，即便是自认为心态非常好的我，也有过被动前进的经历，效果当然不好。但意识到这一点之后，我会很快调整心态，让自己尽可能变成主动前进。我是这样做的：

　　首先，我会让自己有更积极的态度。**我会不断给自己心理暗示，告诉自己我很棒。然后我会向自己描述这些我不那么乐意做的事情，将会给我带来多么美妙的前景。**这时候，我从不阻拦自己做白日梦。这种充满正面力量的心理暗示，可以消除我的抗拒心理。

　　接下来，我会告诉自己，虽然这些事情可以给我带来很多正面结果，但也存在另外一种可能。不过那又怎样呢？我是一个能对自己负责任的人，我会勇敢面对自己的人生。虽然这些事情充满不确定甚至充满困难，但不试试看怎么知道呢？

　　然后，我会主动考虑问题，尽可能做好准备工作。倘若没有周全的考虑，自信只是一种盲目的乐观，我可不愿意那样。于是我会事事留心，事事尽力，让自己在做准备工作的同时也得到进步。

　　在整个过程中，我都会不断鼓励自己：你是自己命运主动的参与者，你是自己人生的规划者，你的人生是被自己内在的东西决定的，你不会被外在的所谓命运牵着鼻子走。

　　就这样，每一次遇到我不是特别乐意的事情时，我都会这么做，在一次一次的强化过程中，我真的变成了自己命运的掌控者。至少，我是这么认为的，而你同样可以做到。

· 越让你恐惧的事，越值得战胜

　　和喜悦相比，恐惧显然不受欢迎。然而它虽然不那么让人舒服，却是人的一种本能反应。为了保护我们自己，我们的大脑会不顾一切地阻止我们做一些有风险的事。这时，恐惧有一定的积极效用。

　　但更多时候，恐惧是种负能量，产生的都是阻力。比如，假设你正乘着飞机在万米高空中，这时遇到危险情况必须跳伞，但大脑却会灌输一些负面的信息让你无法顺利跳伞，那是因为恐惧像种子一样扎根在我们的头脑中。

　　不过，假如你此前有过很多年的跳伞经验，你的大脑就不会有所顾忌，因为你的潜意识告诉你：跳伞不会有危险。

这说明了什么呢？**我们的恐惧，往往源于未知或者曾经失败的经验。倘若对于自己恐惧的人或事物，有较多了解，或有过成功经历，大脑就会传递出正面信息，让你不再恐惧。**

恐惧这种负面情绪，会使人犹豫不决，摧毁人的自信，让人退缩，消除它的唯一办法就是迎难而上。所以，千万不要让这些负能量控制你的人生，拿出心灵的力量来，让它瞧瞧谁才是命运真正的主人。当你面对以前会使你感到畏惧的事不再畏惧时，你就实现了一次自我超越。

当你将自己推向能力极限的时候，让你感到恐惧的事就会开始减少。久而久之，你就会发现，其实所有的恐惧都是你的大脑出于保护自己的本能而产生的，它们并没有你潜意识中认为的那样危险。只要你勇敢地张开嘴或迈开腿，花一点时间，下一点功夫，你必将克服自己内心的恐惧。

有一个平凡的上班族叫麦克·英泰尔，37岁那年他做了一个大胆的决定，放弃薪水优厚的工作，把身上的钱全捐给街角的流浪汉，只带了干净的衣裤，由阳光明媚的加州，靠搭便车与陌生人的仁慈，横穿美国。

他的目的地是美国东海岸北卡罗来纳州的恐怖角——这只是他精神快崩溃时做的一个仓促决定。

因为，在某个午后，他问了自己一个问题：如果有人通知我今天死期到了，我会后悔吗？答案竟是那么肯定。

虽然他有好工作，有美丽的女友、亲友和乐趣，但他发现自己这辈子从来没有下过什么赌注，平顺的人生从没有高峰或谷底。他为自己懦弱的上半生而哭泣。

于是，他选择了北卡罗来纳州的恐怖角作为最终目的地，借以象征他要征服生命中所有恐惧的决心。

他检讨自己，很诚实地为自己的恐惧开出一张清单：从小他就怕保姆、怕邮差、怕鸟、怕猫、怕蛇、怕蝙蝠、怕黑暗、怕大海、怕城市、怕荒野、怕热闹又怕孤独、怕失败又怕成功、怕精神崩溃……他无所不怕，却近乎"英勇"地当了记者。

这个懦弱的37岁男人上路前竟还接到老奶奶的纸条："你一定会在路上被人强暴。"但他成功了，4000多英里路，78顿餐，仰赖82个陌生人的仁慈。

没有接受过任何金钱的馈赠，在雷雨交加中睡在潮湿的睡袋里，也有几个像公路分尸案的杀手或抢匪的家伙使他心惊胆战；在游民之家靠打工换取住宿；住过几个破碎家庭；碰到过患有精神疾病的好心人，他终于到达恐怖角。

恐怖角到了，但恐怖角并不恐怖。原来"恐怖角"这个名字，是由一位16世纪的探险家取的，本来叫"Cape Faire"，被误为"Cape Fear"。

麦克·英泰尔终于明白："这个不当的名字，就像我自己的恐惧一样。我现在明白自己一直害怕做错事，**我最大的耻辱不是恐惧**

死亡，而是恐惧生命。"

或许，你所恐惧的，只是恐惧本身。

你可能难以理解为什么有人会害怕蜘蛛、会害怕黑暗，但别人也很难理解你为什么怕水、为什么恐高。恐惧这种情绪因人而异，完全取决于自身，很少是由外因造成的。

虽说人具有思考能力，但思考关于自身问题时，则多表现出损己害己的倾向。比如，对攸关自身之事，做过多的无谓思考，这正是产生恐惧的主要原因。

每个人都会有自己恐惧的事物和不愿面对的许许多多困难，当你选择逃避的时候，你暂时可以得到一丝安慰，但恐惧会永驻在你心里。只有勇敢地去面对恐惧、挑战恐惧，才能把恐惧永远从你心中消灭。所以，不但不能去逃避恐惧，还要主动去寻找内心的种种恐惧，一样一样地克服和战胜它们。做到内心强大，你才能真的强大。

从这个意义上来说，**克服恐惧最好的办法，就是越恐惧什么就硬着头皮做什么。也就是说，越让你恐惧的事情，越值得战胜。**

面对自己恐惧的事物时，首先要做的当然是克服自己心底的恐惧。这时，最困难的就是开始，但人是有能力调节自己的情感的。其实人类的基因里本来就含有"往前走"的正能量，只要你运用心灵的力量不断强化，就会让自己乐于尝试不可能的使命，并且越做越强。

　　即便挑战失败，也不必介怀，坦然地接受它即可。对于一个珍惜自己的梦想和努力的人来说，永远没有失败的结果，失败只是暂时的。就像学走路的婴儿摔了一跤一样，对于暂时的失败，他没把它放在心上，更没有害怕，而是更加坚强，也更加聪明了，因为他找到了更好的方法可以尽量避免这样的事情再次发生。至少，这不是一个懦夫的人生。

· 没有主见的人永远都是配角

　　不管你是什么性格的人，恐怕都不喜欢"没主见"这个词出现在自己身上。但由于主观或者客观原因，那些自己拿不定主意、遇到棘手问题总想逃避、总是得到别人肯定才肯行动的现象屡见不鲜，在我们身上也时常可以看到它们的影子。

　　有一天，一个少年去自家附近的鞋店想要定做人生的第一双皮鞋。老鞋匠问他："你这双鞋子，想要方头还是圆头呢？"少年觉得两者都挺好，不知道应该选择哪一种。于是鞋匠让他回家再考虑考虑，考虑好了再过来。

　　过了几天，少年在街上遇到了这位鞋匠，关于方头还是圆头，他依然拿不定主意。老鞋匠看他实在不能做决定，就告诉他："好吧，我知道了。过几天你来取鞋子吧。"

当少年去取鞋子时，他发现，老鞋匠给他做的鞋，一只是方头的，另一只是圆头的。他非常惊讶："怎么会这样？"

"既然你自己始终不能做决定，那就只好让我来决定了。既然让我决定，那我想要做成怎样都可以，不是吗？我只是想告诉你，别总让人家替你做决定。"老鞋匠平静地看着他说。

少年收下了这双鞋，也收下了一条重要的人生守则：**自己的事要自己拿主意。如果自己没有主见，把决定权拱手让给别人，那么一旦别人的决定很糟糕，你就不得不后悔莫及地接受这个糟糕的结局。**

倘若你也明白这个道理，就不会再把命运交给别人掌控。对于任何人来说，未来的事情总是未知的，这一点，别人和你没有差别。既然你有勇气接受别人对未知的判断，为什么就没有勇气接受自己的判断？把自己的未来交给别人，是不是对自己太不负责了呢？所以，试着为自己做决定吧，不要怕，即便出错了，那也一定是一种收获。

有一次去朋友家里吃饭。餐桌上，我看到女主人专门为小女儿准备了一份素食。朋友解释说，女儿几个月前看了一部关于虐待动物的纪录片，从此决定不再吃肉。于是，他们每顿饭都专门给女儿准备素食，她已经坚持了好几个月。虽然女主人会更辛苦，但为了孩子的自主能力，他们没想过要劝女儿改变主意。

　　我非常认同朋友的做法，虽然我的孩子们没有人想要成为素食主义者。他们小时候吃东西时，我会为他们介绍各种食物的营养价值，以及我们的身体对各种营养成分的需要。至于他们想要吃什么，由他们自己决定。虽然儿子不喜欢吃蔬菜，但我和妻子从来不会强迫他。之所以这样，不是因为我们不疼孩子，而是相对而言，培养他们的主见更重要。

　　虽然他们的主见不一定是恰当的。比如，没有吃饱就想离开餐桌去玩，这也没关系，他会付出挨饿的代价。犯错误是成长不可或缺的学习过程，最重要的是，**我要向他们传达出这样的信息：你自己有能力决定自己吃什么，决定自己怎么做，我充分相信你的判断。**

　　我不知道在你的成长过程中，父母、老师和身边的朋友向你传达了怎样的信息，但不管怎样，你的人生终究是需要自己负责的，没有人能一直替你做决定。而你的主见，是保证你不被他人左右、保证自己掌控命运的根基。不管那个别人多么强大、多么聪明，你也不可以轻易怀疑自己。

　　1908年，当洛德·卢瑟福获得诺贝尔物理学奖时，曾经断言："由分裂原子而产生能量，是一种无意义的事情。任何企图从原子蜕变中获取能源的人，都是在空谈妄想。"结果，几十年后，能用于发电的原子能问世了。

　　历史一再向我们证明，"迷信别人"是不可取的，与其这样，何不"迷信"自己？倘若你不是坚定地相信自己，就很容易在怀疑的声音中迷失。

假设你和一群朋友一起远足去一个陌生的地方，到了一个岔路口时，大家不清楚应该往左走还是往右走，于是打开地图看。大家都认为应该往右走，可是你的判断是应该往左走。这时，你会告诉大家自己的意见吗？

对于大多数人来说，很多时候，很多事情，我们都会有自己的意见。但是问题在于，**当你做出某个决定时，如果身边的人都不肯支持你，甚至否定你、质疑你，这时你还敢坚持自己的决定吗？你还有勇气和决心继续下去吗？**

洛杉矶加州大学经济学家伊渥·韦奇发现了这一现象，观察许久之后，他告诉我们：即便你已经有了自己的判断、有了主见，但假如有个朋友的看法与你不同，你就很难不动摇，很难再坚持己见。这一发现被称为"韦奇定律"。

虽然我们都不愿意自己受到这一定律的左右，但很遗憾，很多人正在这么做。为什么呢？也许是因为我们不够相信自己，也许是我们害怕承担责任，也许是因为我们都害怕被孤立。但不管是哪种原因，**当你放弃了主见的同时，潜意识里一定有一个小小的声音在说："我对你很失望，你是个懦夫。"**你愿意听到这个声音吗？

请记住，在我们的一生中，有主见是极其重要的事情，否则，终其一生你都会是别人生命中的配角。

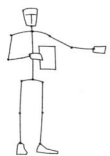

第三章
这十年，你需要掌握
这个本领

·学校里不教，但却决定你一生的本事

这项学校里不教，但却决定你一生的本事，就是人际交往能力。

无论保险、传媒、广告，还是金融、科技、证券，不管你在哪个领域，人际交往都是一个日渐重要的课题。一踏入社会，很快你就会发现，专业知识固然重要，但人脉也同样重要。

所谓人脉，是指由良好人际关系形成的人际网络。一个人要想改变自己的命运，获得成功，就必须有足够的人脉资源。人脉的竞争力在一个人的成长里扮演着重要角色。

从某种意义上说，**良好的人际关系是一个人通往财富、荣誉、成功之路的通行证，只有拥有了这张通行证，你的专业知识才能发**

挥作用。

寇克·道格拉斯（Kirk Douglas）是美国知名演员，也是成功的制作人，1949年在《冠军》一片中因扮演残酷无情的拳击手一角而一举成名。他体格健壮，嗓音别具特色，曾主演过《生活的欲望》《光荣之路》等电影。

可是你知道吗？寇克·道格拉斯年轻时曾穷困潦倒，但他依然保持着一颗乐观向上的心。一次搭火车时，他和坐在他身边的一位女士攀谈起来，却没想到这位女士居然是好莱坞的著名制片人。这次畅谈，让道格拉斯结识了自己命运中的贵人，也打开了他通向好莱坞的一扇门。

其实，每个正常人都有成为顶尖人物的机会。但生活中，有的人成功了，有的人却败下阵来。究其原因，除了专业知识、工作态度之外，很重要的一点就是良好的人际关系。

所以，千万不要抱怨自己怀才不遇，倘若你真的是千里马，只要扩大朋友圈，你的处境就会彻底改变。如今已不再是单枪匹马的时代，每个人都要在社会中求生存，谁都不可能成为电影里的孤胆英雄。

在当今这个社会分工越来越精细化的时代，每个人的能力往往都局限于一个或者几个有限的领域里，一个人即使再有能耐，其力量也不过如一滴水之于大海。

世界富豪保罗·盖蒂曾经说过，**一个人在做事情时，永远不要**

靠一个人花100%的力量，而要靠100个人花每个人1%的力量来完成。单靠自己在黑暗中摸索，成功的希望微乎其微，善假于物者才能登高望远。

所以，一定要记住，人际关系的成功与否决定着你的事业能否成功。

著名的石油大王洛克菲勒说："我愿意付出比天底下得到其他本领更大的代价来获得与人相处的本领。"比尔·盖茨也曾感慨地说："与人相处的能力，如果能像糖和咖啡一样可以买得到的话，我会为这种能力多付一些钱。"在日本更有句名言说："二十岁靠体力赚钱，三十岁靠脑力赚钱，四十岁以后则靠交情赚钱。"

在好莱坞也流行着一句话："一个人能否成功，不在于你知道什么，而是在于你认识谁。"这句话并不是让人不要培养专业知识，而是强调："人际关系是一个人通往财富、成功的通行证。"

所以，我们每个人都应该通过自己的努力，建立并拥有自己的人际关系网。

我知道，对于二十多岁的你来说，正是自恃才高的年岁，自以为学到了很多知识，希望凭借自己的才能大展身手。但你可能没有想到，你的专业本领只能为你带来一种机会，而你如果善于与他人交往，具有超凡的交际能力的话，它可以为你带来百种、千种机会。

即便你没有从父母那里得到任何人脉资源，也可以经营出属于你的人际关系网络。你需要做的，只是走出去，主动与他人建立联系，获取有效的互动。

· 这样做，你会赢得别人的喜爱

现实生活中，人与人之间有时看似很远，其实很近；有时看似很近，实则很远。这取决于你如何与人交往。

其实，在人际交往中，**最根本的一点，是真诚。只有真诚，你才能赢得别人的喜爱。**

在美国内华达州，有一个名叫麦尔滨·达玛的年轻人。有一次他驾车兜风，碰到一位衣衫褴褛的老人，老人满脸疲惫，艰难地向前挪动着双腿。麦尔滨停下车，关切地问了老人要去的地方。

麦尔滨把老人送到了拉斯维加斯，又掏出25美分，让老人坐公交车，老人很礼貌地接过硬币，并向麦尔滨要了名片。几年后，有人找到麦尔滨，告诉他亿万富翁哈维德·修斯把他财产的十六分之一送给了他，那是一亿美元的馈赠。

麦尔滨惊呆了，他万万没有想到，自己付出25美分，却得到如此丰厚的回报。

在美国费城，一天下午，忽然下起了暴雨，一位浑身湿透的老妇人蹒跚着走进费城百货商店。她衣着简朴，显得很狼狈，所有的人都对她视而不见。只有一位年轻人给了她关照，还给她一把椅子坐下，妇人很感激，走时要了他的名片。

几个月后，费城百货商店接到一单生意——装潢苏格兰一整座城堡，并点名要那位青年去。原来这位老妇人就是钢铁大王卡内基的母亲，这位年轻人叫菲利。几年后，他凭着踏实和真诚，成为卡内基的左膀右臂，事业飞黄腾达。

或许有人要说，他们是机遇的宠儿。无疑，他们是幸运的，但更不能忽略的是他们灵魂深处闪耀着人性火花的特质，是他们用真诚唤起了别人的尊重，是他们用善良创造了人生的奇迹，这是发自心灵深处的人性温柔的闪光，是人的内心美好情感的自然流露。它给了别人关心和帮助，让别人感受到了人情的温暖，也让我们知道了**真诚的价值是无法用数字来估量的**。

杰克是一个平凡的业务员，干了十几年的推销工作，业绩一直平平。老板觉得杰克已经不能给自己带来多大的业绩，正想办法炒掉他。而杰克，也早已厌倦了那种靠吹嘘商品、说假话骗取客户信任的推销方式。

　　有一天，店里来了一个客户，想要买一把皮椅。于是，杰克把客户带到了许多皮椅前。客户看中了一款最贵的，杰克指着那款皮椅子如实地向顾客介绍道："老实说，这种皮椅并不怎么好，我们老板就在用一个，没多久就吱吱嘎嘎地响，它只不过皮质很好，而且看上去很不错，但是你知道，如果工作起来，那些噪声简直会让人发狂。"顾客疑惑地看着杰克，指了指另外一款蓝色的。

　　"先生，你能告诉我你家的家具都是什么颜色吗？"

　　"紫色。"

　　"那我不得不奉劝你放弃这种选择，因为这椅子摆在你的家具中间看上去会很糟糕。"

　　"噢，那我该选哪一张？"顾客笑了起来，很认真地听着杰克的建议。

　　"这一张。"杰克搬出了一款价格非常低廉的皮椅，小声地说道，"别看它价格低，但绝对质量是最好的，而且有多款颜色，一定能找到适合你房间的。"

　　最后，客户欢天喜地地抱着皮椅走了，但老板也因为他没有卖出最贵的皮椅而气得发抖。"杰克，你可以走了！以后不用来了！"

　　"亲爱的老板，这正是我想的。"杰克轻松地走出老板的店。

　　之后他利用自己多年的积蓄开了一家小小的办公用品店。让他没有想到的是，会在不久之后碰到那位买皮椅的顾客，他现在是一家大型连锁公司的采购员。"嗨，诚实的人，那款皮椅确实非常不赖。你真是我见过最厚道的售货员了！以后我不会选择别家的办公用品店。"这位采购员笑了笑，接着对杰克说道："我相信你！"

毫不夸张地说，为杰克带来成功的正是他自身的觉悟和对顾客的真诚。虚伪、伪装的东西是绝对经不起时间检验的。其实，对待任何人都一样，你若没有诚恳的态度，只看到眼前的利益，那他们再也不愿意光临。相反，**你袒露真诚，总有一天会得到众人的厚爱**。

当然，面对真诚这个问题，有些人可能依然心存疑虑。

我想，你之所以不愿意对人真诚，无非是害怕"我本将心向明月，奈何明月照沟渠"，自己对人的一片真诚被糟蹋、被欺骗。或者，你曾经真心真意对人却遭遇背叛，于是"一朝被蛇咬十年怕井绳"。不管出于什么原因，总而言之你怕受伤。

我承认，面对你的真诚，并不是所有人都会回以善意。

但是，你同样也要承认，大部分人都会回以善意。难道你愿意为了少数而放弃多数？我相信凡是有理智的正常人都不会这样选择。

当然，我也不是那种主张"别人打了你一耳光，你把另一边脸伸过去"的人，**正确的做法应该是"一开始真诚对待所有人，然后再根据其他人的回应做出应对"**。

· 每个人的心里都有一个"软肋"

大多数人，心中都有所贪，有人贪钱，有人贪名，有人贪权，总而言之，**凡是有所贪求者，都不能做到"无欲则刚"，当然也就有"软肋"**。

但是，这个"软肋"在哪里，不会明明白白写在他的脸上。有一些可以轻易察觉，有一些则较为困难，这就需要你仔细观察，认真聆听。

乔·吉拉德是美国非常优秀的汽车推销员，他在一年之内，推销出了1425辆汽车。此项辉煌成果被载入了吉尼斯世界纪录，至今无人能够打破。这么一位优秀的推销员，也有一次难忘的失败经历。

一次，一位名人来找吉拉德买车。吉拉德向他推荐一款新型车。眼看就要成交了，对方突然决定不买了。对方明明很中意此款新型车，为何突然变卦了呢？吉拉德对此懊恼不已，百思不得其解。到了晚上十一点，他忍不住给那位先生拨了电话。

"您好。今天我向您推荐一部新车，您马上就要签字了，为什么却突然变卦了？"

"喂！你知道现在几点了吗？"

"真抱歉，我知道已经晚上十一点了，但我检讨了一天，实在想不出自己错在哪里，因此特地打电话向您请教。"

"真的吗？"

"肺腑之言。"

"很好。你用心在听我说话吗？"

"非常用心。"

"可是下午你没用心听我说话。就在签字之前，我提到我儿子即将进入密歇根大学就读。我还提到我儿子的运动成绩与他将来的抱负。我以他为荣，但你却没有任何反应。"吉拉德不记得对方曾说过这些事，因为当时他根本没注意听。

对方又说："你根本不在乎我说些什么。我看得出来你正在听另一位推销员讲笑话。这就是你失败的原因。"

从这件事，吉拉德得到了宝贵的教训：倾听实在太重要了，由于一时的疏忽，没注意对方讲话的内容，没去认同对方有一位值得骄傲的儿子，因而触怒对方失去了一笔生意。

所以说，**一个真正的交际高手，往往不是因为他会说，而是因为他善于听。但是，仅仅是听就可以了吗？还不够，还要听进去。**

在英语中，hear的意思是仅仅单纯地用耳朵去听，而listen则表示要全心投入地认真细致地听，用自己的头脑去判断对方话语后面所传达的情感，是专注地"听"，认真地"听"。社交中的你，在倾听对方话语时一定要listen，而不应该是让人产生敷衍感的hear，否则根本达不到良好的效果。你不仅要做到专心聆听，听出对方真正在意的人或事，找出他的痛点，还要让对方感受到你的这种专注，这样才能达到更好的效果。

这是因为，你认真倾听别人说话，原本就是一种态度，一种"我认为你很重要，你说的话很重要，值得我认真去听"的态度。当你传达出这个态度之后，怎么可能不赢得对方的好感？

从这个角度来说，**只要能做到认真倾听，你就几乎抓到了所有人的"软肋"**——认为自己很重要。几乎没有一个人认为自己是一文不值的，我们都希望得到别人的尊重、认可、关注、重视，而倾听，就是给予对方这些礼物的最直接有效的办法。

所以，要想成为受欢迎的人，就要学会聆听，鼓励别人多谈他自己的事。那些真正会交往、拥有许多真心朋友的人，往往就是因为他们愿意并且善于做一个倾听者。

懂得倾听，给别人说话的机会，你才能了解他们的所想所思，

才能增进彼此的了解。并且让说话的人觉得我们很尊重他的意见，有助于我们建立融洽的关系，彼此接纳。

韦恩是罗宾的朋友圈中最受欢迎的人士之一。他总能受到邀请，经常有人请他参加聚会、共进午餐、打高尔夫球或网球等。一天晚上，罗宾碰巧到一个朋友家参加一次小型社交活动。他发现韦恩和一个年轻女士坐在一个角落里。出于好奇，罗宾远远地看了一段时间。罗宾发现那位年轻女士一直在说，而韦恩好像一句话也没说。他只是有时笑一笑，点一点头，仅此而已。几小时后，他们起身，谢过男女主人，走了。

第二天，罗宾见到韦恩时禁不住问道："昨天晚上我看见你和最迷人的女士坐在一起。她好像完全被你吸引住了。你怎么抓住她的注意力的？"

"很简单，"韦恩说，"当女主人把她介绍给我时，我只对她说，你的皮肤晒得真漂亮，在冬季也这么漂亮，是怎么做的？是在哪儿晒的呢？阿卡普尔科还是夏威夷？

"她说是在夏威夷，夏威夷永远都风景如画。

"我说，你给我讲讲那里的故事吧。

"于是，我们就找了个安静的角落，接下去的两个小时她一直在谈夏威夷。

"今天早晨她打电话给我，说她很喜欢我陪她。她说很想再见到我，因为我是最有意思的谈伴。但说实话，我整个晚上没说几句话。"

　　看出韦恩受欢迎的秘诀了吗？很简单，韦恩只是让对方谈论自己，而他只是倾听。**假如你也想受到大家的欢迎，千万不要只顾着谈自己，而要让对方多谈他的兴趣、他的爱好、他的事业、他的成功，等等，让对方感受到表达的快感和被重视的温暖。于是，他也会投桃报李般地对你。**

· 成功的人都在使用这个技巧

卡内基小时候是一个公认的"坏"男孩。在他9岁的时候，父亲把继母娶进家门。当时他们还是居住在乡下的贫苦人家，而继母则来自富有的家庭。

父亲一边向继母介绍卡内基，一边说："亲爱的，希望你注意这个全郡最'坏'的男孩，他已经让我无可奈何。说不定明天早晨以前，他就会拿石头扔向你，或者做出你完全想不到的坏事。"

出乎卡内基意料的是，继母微笑着走到他面前，托起他的头认真地看着他。接着她对丈夫说："你错了，他不是全郡最'坏'的男孩，而是全郡最聪明、最有创造力的男孩。只不过，他还没有找到发泄热情的地方。"

继母的话说得卡内基心里热乎乎的，眼泪几乎滚落下来。就是凭着这一句话，他和继母开始建立友谊。也就是这一句话，成为激励他一生的动力，使他日后创造了成功的28项黄金法则，帮助千千万万的普通人走上成功和致富的道路。

在继母到来之前，没有一个人称赞过他聪明，他的父亲和邻居认定：他就是"坏"男孩。但是，继母只说了一句话，便改变了他一生的命运。

卡内基14岁时，继母给他买了一部二手打字机，并且对他说，相信你会成为一名作家。卡内基接受了继母的礼物和期望，并开始向当地的一家报纸投稿。他了解继母的热忱，也很欣赏她的那股热忱，他亲眼看到她用自己的热忱，如何改变了他们的家庭。所以，他不愿辜负她。

来自继母的这股力量，激发了卡内基的想象力，激励了他的创造力，帮助他和无穷的智慧发生联系，使他成为美国的富豪和著名作家，成为20世纪最有影响力的人物之一。

这就是成功者都在使用的技巧：赞美别人。

当然，如果你非要跟我抬杠，说"乔帮主脾气坏得举世闻名""盖茨从小到大就是一个令人讨厌的人"那我也无话可说，但你我毕竟不是他们，我们想要以现状为起点获得成功，就必须要借助别人的力量。

而让别人对你心生好感，最快捷的方法就是真诚地欣赏与赞扬

别人。有人说："世界上最美好的声音就是赞美，最好的礼物也是赞美。"美妙的赞美能让他人心情愉悦，能使他人受到鼓舞。

它不仅是我们乐观面对生活所不可缺少的力量源泉，更是人际关系的润滑剂，还可以约束人的行动，使人主动自觉地克服缺点，积极向上。

有一个年薪百万美元的管理人员名叫史考伯，是美国一家钢铁公司的总经理。有记者曾经问他："您的老板为何愿意一年付给您超过一百万美元的薪水呢？您到底有什么本事能拿到这么多的钱？"

史考伯回答说："我对钢铁懂得不多，但我最大的本事是能让员工鼓舞起来。而鼓舞员工的最佳方法，就是表现出对他们真诚的赞赏和鼓励。"

有趣的是，史考伯到死也没有忘记赞美人。他在自己的墓志铭上写道："这里躺着一个善于与那些比他更聪明的下属打交道的人。"

我们身边的每个人，无论是咿呀学语的孩子，还是白发苍苍的老人，当然也包括我们自己，都希望受到周围人的赞美，希望自己的价值得到肯定，从而让自己的自尊心和荣誉感获得满足。

为此，我们应该学会赏识、赞美他人，努力去挖掘他人的闪光点。

美国心理协会曾做过一次调查：经常赏识他人，夸奖、赞美他人的人往往处事积极乐观，受人欢迎，受人尊敬，不常生病，并且比一般人长寿；而常指责、抱怨的人没有朋友，孤单落寞，身体、心理脆弱的人，则会比一般人寿命短。

而心理学家们也认为，使一个人发挥最大能力的方法就是赞赏和鼓励。

能否获得称赞以及称赞的程度，便成了衡量一个人社会价值的标尺。所以，在与人交往的过程中，我们一定要学会和使用赞美与表扬，这样，你人际交往的成功率与愉悦感也将大大提高。

· 如何在最短时间里留给对方好印象？

如果你问我如何在最短时间里给人留下好印象，我会说，经常微笑。

把握微笑这一重要的原则，你就拥有了最有力的武器。微笑简单、容易、不花钱，可以永久使用，但委实有效。

古龙说："爱笑的女孩子，运气不会太差。"你一定也感同身受，微笑的人比不微笑的人更让人觉得舒服、好相处、迷人、有才干、值得信赖。所以，**经常微笑的人，获得成功的概率比较大。原因在于，微笑的人容易让人产生信任**。所以，在生活中，你不妨露出你的微笑，让微笑去感动他人。

一个人的微笑背后，能够透露出很多信息，你可能会看到他内心的真诚、热忱与自信，它们能够融化世界上的一切坚冰。

据心理学测定，笑对人们的印象和好感具有特殊的效能。人们对于笑也是最乐意接受的。笑具有非常的力量。在当今世界上，笑差不多要被作为一门学问来研究了。

据说，日本在招收服务员时，不仅要求有一定的学历，而且还要求会笑，要笑得自然、亲切、甜美。这是为什么？目的是训练美善的仪态，根除凶相，增进和善的视觉感，让人一见就舒服。

任何一个人，都喜欢看人的笑脸，而不喜欢毫无表情的冷漠相。

心理学研究证明，**当一个人同另一个人打招呼时，对方首先从视觉上观察其面容与仪态，印象最深、感召力最大的是对方笑眯眯的脸孔、友善的仪态、亲切的语气。**

而这三者，主要是由"笑眯眯"的脸孔来统率的。如果没有了"笑眯眯的脸"，也就没有了"友善的情态"和"亲切的语气"。

笑，在交际中的意义和力量是非常明显的。尤其是与人初次见面，如果遇到令人拘谨的场面或沉闷的气氛，不管是谁都会不同程度地产生心理防卫机制，从而使得接下来的事情难以顺利进行。

要解除这种防卫机制，消除对方的戒备心，必须创造出一种和

谐自然的气氛。这就需要你礼貌待人、主动热情，从表情、发型、衣着、谈吐、动作、举止到人格修养等各方面都表现出一种既真实自然又落落大方的态度，以赢得对方的好感和喜爱。尤其是求职、求爱以及推销时，这一点显得更加重要。

威廉·史丹利已经结婚18年了，在这段时间里，从早上起来到他要上班的时候，他很少对自己的太太微笑，或对她说上几句话。史丹利觉得自己是百老汇最闷闷不乐的人。

后来，在一个继续教育培训班中，史丹利被要求用他微笑的经验发表一段演讲，于是他就决定亲自试一个星期看看。

后来，每当史丹利去上班的时候，他就会对大楼的电梯管理员微笑着说一声"早安"；他以微笑跟大楼门口的警卫打招呼；他对地铁的检票小姐微笑；当他站在交易所时，他对那些以前从没见过自己微笑的人微笑。

史丹利很快就发现，每一个人也对他报以微笑。他以一种愉悦的态度，来对待那些满肚子牢骚的人。他一面听着他们的牢骚，一面微笑着，于是问题就容易解决了。史丹利发现微笑能增加自己的收入，每天都为他带来更多的钞票。

史丹利一直和另一位经纪人合用一间办公室，这位经纪人是个很讨人喜欢的年轻人。史丹利告诉这位年轻人自己最近在微笑方面的体会和收获，并声称自己很为所得到的结果高兴。那位年轻人承认说："当我最初跟您共用办公室的时候，我认为您是一个闷闷不乐的人。最近我才改变这个看法：其实，当您在微笑时，充满了慈祥。"

一个人的笑容就是他善意的拥抱。

在我们的生命历程中，如果能处处以微笑面对的话，人生将会顺利得多。**善于微笑的人，通常是快乐且有安全感的人，也常能使别人感到愉快。这是性格成熟的表现，也是一个成年人应有的能力。**

· 你先关注别人，别人就会关注你

很多人都对"怎样跟别人找话题"非常头疼，这的确是一个非常复杂的问题，但说起来也简单，谈话的话题应该视对方的情形而定。

再好的话题，如果不能符合对方的需要，就无法引起对方的兴趣。最好是想办法引出两人都感兴趣的话题，才能聊得投机，然后再设法慢慢地把话题引进自己所要谈论的范围内。

上至政客权贵，下至普通百姓，老罗斯福都能与他们谈得来。老罗斯福有什么魔法，能够做到这样呢？道理很简单，就是他在与人会面之前，先预习一下最适合来客兴趣的话头。他深知**要获得人的欢心，唯有谈那人最熟悉而且最感兴趣的事情**。

　　纽约有一家面包公司的经理，为了得到一家大旅社的生意，曾在四年中不断地去拜访那家旅社的董事长。虽然他用尽了交际手腕，想尽了一切笼络办法，都没能成功。

　　后来，他忽然想到另外一个方法，那就是先引起对方的注意和喜欢。他知道这位董事长是美国旅馆同业公会主席，并兼着世界旅馆业同业公会主席，对于会务工作非常热心。

　　于是在下一次去见对方时，他就从同业公会的情况谈起。这一下立刻引起这位董事长的极大兴趣，两人眉飞色舞地足足谈了半个钟头。临别时，主人还有些依依不舍，竭力劝他也加入公会。经过这次谈话以后，面包公司的经理立刻交了好运，因为没过几天，那家旅社就来了一个电话，要他把面包的样品和价目表送过去。

　　连那位面包公司的经理也没有想到，他们的一席谈话，竟产生出四年来无数次殷勤拜访都没有达到的效果！所以，**你要想讨人欢喜，你先要迎合这人的兴趣！**

　　茄立甫是美国童子军的指导者。有一次，他为了筹措一笔钱款帮助一个童子军参加欧洲的童子军大会操而去见一家公司的经理。这位经理是一位大富豪，据说曾签出一张百万美元的支票，后因故作废，于是拿来装入镜框，悬挂在墙上，很以此自豪。

　　从这件事中，茄立甫看出了他的心理，于是在见面时，第一件事就是要求见识一下那张支票，并且称数目这样大的支票，有生以来还是第一次听说。

经理听他这样一说，果然洋洋得意，立刻拿出来给他看。茄立甫一边赞不绝口，一边问了许多关于这张支票的话，而对于自己的来意只字未说。最后，倒是经理先问起了他，他这时才接过话头，把来意详细说了出来。

出乎他的意料的是，那位经理不但对他的要求一口应允，而且主动把一个代表的旅费增加到五个，又让他也跟着去。那位经理签了一张支票，数目足够茄立甫他们在欧洲住上一星期，此外还写了好几封介绍信，以便他们在欧洲有人照顾。

后来这位经理还不时地给茄立甫他们许多帮助，比如替童子军中家境不佳者找工作等。而且，从此那位经理和茄立甫成了很好的朋友。

这一巨大的收获，正是因为当初茄立甫能**在谈话开始就迎合那位经理的兴趣。这种技巧如果应用到商业中去，更能发挥良好的作用。**

这比起一开始就直接谈对方不关心的话题或者难题，效果要好得多。由此看来，只有通过话题的正确选择，才能把彼此要沟通的思想、复杂的情怀、微妙的心声用妥帖的语言表达出来。选好对方感兴趣的话题，就可以打开局面，迅速进行有效的沟通。

当你面对不同年龄的人时，我给大家一些建议作为参考：

老年人：最基本的原则是讲过去。每个人都有自己的过去，在他们的记忆里，他们的经历丰富多彩。与长辈们有代沟，往往就是因为我们从不倾听他们的过去。

中年男人：事业有成者，就说事业，说他的房子、车子；事业无为者，就说平平淡淡的生活，因为在他们眼里平淡才是真正的生活。

中年女人：夸她的孩子。在每个母亲心中，孩子都是她最大的骄傲。在她交谈时，孩子是最好的话题。

男青年：谈未来。未来是虚无的，我们不可能有过多的争论。我们这时只会对未来有一个美好的憧憬。

女青年：就谈她的长相、发型、衣物、化妆品，这是多数年轻女性最关心的话题。

少年：谈偶像。每个少年都会有一个自己的偶像。任他是谁，你都不妨听他说说。

儿童：谈学习、谈游戏，这些是他们最感兴趣的。

当然，这只是简单的归类，我们也不能一概而论，在实际应用过程中，还是要懂得灵活变通，才能游刃有余。

· 你的气度决定人生的高度

气度，决定了一个人的高度，甚至可以说决定了他拥有怎样的人生。

气度是人的内在修养，看不见但感受得到。有气度的人，必然是谦虚、大气的人。

某公司董事长要为重要部门招聘一名经理，虽然来应聘的人非常多，但是却没有一个能通过董事长的"考试"。

这天，一个三十出头的博士前来应聘，董事长通知他凌晨三点到家里面试。这位博士于是在约定的时间去按董事长家的门铃，可是却没有人来开门。博士觉得很奇怪，但还是等着。到了八点，董事长才开门让他进去。坐下之后，董事长问他："你会写字吗？"

博士回答："会。"董事长便拿出一张白纸，说："请你写个白板的白。"年轻人按要求写完，却没有等到下一题。他疑惑地问："就这样吗？"董事长静静看着他，回答："对！"年轻人感到莫名其妙，就这么告辞了。

次日，董事长在董事会上宣布，这位博士通过了这项严格的考试。他解释说："一个年轻的博士，聪明和学识不是问题，所以我考了他的牺牲精神，让他凌晨三点来面试，他按时来了；我又考了他的忍耐力和脾气，要他空等五个小时，他也做到了，并且没发火；最后，我考了他的谦虚，一个小学生都会写的字他也肯写。这位博士不仅有学识和学历，而且有牺牲的精神、忍耐力和好脾气，还谦虚，这么德才兼备的，还有什么可挑剔的？我决定聘用他！"

气度是一个人成功的重要因素。这位博士正是因为有着不一般的气度，才会被董事长聘用。

苏轼在《留侯论》中说："古之所谓豪杰之士者，必有过人之节。"**有气度的人必然有着坦然的心境，无论遇见的是顺境还是困境，他都同样努力，而不得意忘形或者怨天尤人。**

2004年8月15日雅典奥运会上，悉尼奥运会女子重剑个人冠军匈牙利老将纳吉以15：10的优异成绩，击败亚特兰大奥运会个人冠军法国剑客弗莱塞尔，成功卫冕。在比赛中，弗莱塞尔的比赛装置在赛前临时出现了问题，纳吉主动走上前去帮她整理好服装，然后双方才正式进入比赛。纳吉的这一细微举动赢得了全场观众雷鸣般的掌声。可以说，她拿到的不仅仅是一枚金牌，更是得到了对手和所有观众的尊重与欣赏。

纳吉的举动体现了一个优秀运动员的英雄气度和宽阔胸襟，她的气度是对功过胜负的超越。

18世纪的法国科学家普鲁斯特和贝索勒是一对死敌，他们对定比定律的争论长达9年，各执一词，互不相让。最后以普鲁斯特的胜利而告终，普鲁斯特成了定比定律的发明者。然而，普鲁斯特并没有因此而得意忘形，据天功为己有。他真诚地对曾激烈反对过他的贝索勒说："要不是你一次次的质疑，我是很难深入地研究下去的。"同时，他还特别向公众宣告，发现定比定律，贝索勒有一半的功劳。

这就是气度。允许反对意见的存在，公开地接受它，并吸收其营养。这种气度让人敬佩，更令人感动。

1900年，在巴黎第二届国际数学家大会上，德国著名数学家希尔伯特提出了"希尔伯特第十问题"。它要求寻找判定整系数代数多项式方程是否有解的算法。究竟是什么算法呢？当时没有明确的定义。这一困难使"希尔伯特第十问题"在提出后的整整30年里没有取得任何实质性的进展。直到20世纪30年代，对算法的研究才逐步深入。后又经过美国学者戴维斯、普特南和罗宾逊夫人相继十余年的研究，才提出了"罗宾逊猜想"。此成果虽距离"希尔伯特第十问题"的解决只有一步之遥了，但这一步却难似登天。

1970年1月4日，苏联数学家马蒂亚塞维奇成功地证明了"罗宾逊猜想"，从而一举解决了"希尔伯特第十问题"，当时的马蒂亚塞维奇还不满23岁。2月15日，罗宾逊夫人从同事的电话里得知了这一消息。

虽然罗宾逊夫人曾经那么接近答案，却仍然失之交臂，但她却没有觉得遗憾，她对数学真理的追求远远超过了任何个人的荣誉。

她在给马蒂亚塞维奇的贺信中这样写道："让我特别高兴的是，当我想到我最初提出那个猜想的时候，你还是个孩子，而我不得不等待着你长大。"戴维斯也非常兴奋，他在自己的经典著作《可计算性与不可解性》的平装本序言里这样写道："我一生最大的快乐之一，是1970年2月读到马蒂亚塞维奇的工作成果。"

这就是胸襟。赢要赢得堂堂正正，输也要输得光明磊落。

倘若一个人没有气度，就会很容易走向气度的反面，那就是嫉妒和仇恨，就是小肚鸡肠与睚眦必报，就是凡事钻牛角尖儿。

嫉妒者的人生表现形式一般只会有两种：一方面是悲哀自己的不幸，另一方面是恼恨他人的幸福。如果气度是命运，那么嫉妒就

是命运的奴隶，最终的结果只能是作茧自缚。

气度很像是一种高营养成分，一旦拥有了它，将给你的人生带来一种高层次的人格和品质。上天总赋予胜者非凡气度，而赐予气度非凡者以胜利。

你是一个有气度的人吗？你的气度有多大？问题的答案将决定你人生的高度。

· 要懂得包容别人的过错

　　有一年冬天，威尔·罗吉士养的一头牛为了偷吃玉米而冲破附近一户农家的篱笆，最后被农夫杀死。罗吉士知道这件事后，非常生气，于是带着仆人一起去找农夫论理。

　　此时正值寒流来袭，他们走到一半，人与马车全都挂满了冰霜，两人也几乎要冻僵了。好不容易抵达农夫家，农夫却不在家，他的妻子热情地邀请他们进屋等待。

　　不久，农夫回来了，妻子告诉他："他们可是顶着狂风严寒而来的。"农夫完全不知道罗吉士的来意，便开心地与他握手、拥抱，并热情邀请他们共进晚餐。

　　这时，农夫满脸歉意地说："不好意思，委屈你们吃这些豆子，原本有牛肉可以吃的，但是忽然刮起了风，还没准备好。"孩子们听见有牛肉可吃，高兴得眼睛都发亮了。

吃饭时，仆人一直等着罗吉士开口谈正事，以便处理杀牛的事，但是罗吉士看起来似乎忘记了，只见他与这家人开心地有说有笑。饭后，天气仍然相当差，农夫一定要两个人住下，等转天再回去，于是罗吉士与仆人在那里住了一晚。

第二天早上，他们吃了一顿丰富的早餐后，就告辞回去了。在寒流中走了这么一趟，罗吉士对此行的目的却闭口不提。

在回家的路上，仆人忍不住说："我以为，你准备去为那头牛讨个公道呢！"罗吉士微笑着说："是啊，我本来是抱着这个念头的，但是后来我又盘算了一下，决定不再追究了。你知道吗？我并没有白白失去一头牛啊！因为我得到了一点人情味。毕竟，**牛在任何时候都可以获得，然而人情味，却并不是很容易得到。**"

生活中，很多人常常会为了一件小事斤斤计较，然而计较过后，又能够真正得到些什么呢？

屠格涅夫说："生活中，不会宽容别人的人，是不配受到别人的宽容的。但是谁能说是不需要宽容的呢？"其实，**人人都需要别人的宽容，咄咄逼人不仅让别人心里难受，自己也不会因此而得到什么。**

当乔丹在公牛队时，年轻的皮蓬是队里最有希望超越他的新秀。年轻气盛的皮蓬有着极强的好胜心，对于乔丹这位前辈，他常常流露出一种不屑一顾的神情，还经常对别人说乔丹哪里不如自己，自己一定会把皮蓬击败一类的话。但乔丹没有把皮蓬当作潜在的威胁而排挤他，反而对皮蓬处处加以鼓励。

有一次，乔丹对皮蓬说："你觉得咱俩的三分球谁投得好？"

皮蓬不明他的意思，就说："你明知故问什么，当然是你。"

因为那时乔丹的三分球成功率是28.6%，而皮蓬是26.4%。但乔丹微笑着纠正："不，是你！你投三分球的动作规范、流畅，很有天赋，以后一定会投得更好。而我投三分球还有很多弱点，你看，我扣篮多用右手，而且要习惯性地用左手帮一下。可是你左右都行。所以你的进步空间比我更大。"

这一细节连皮蓬自己都不知道。他被乔丹的大度感动了，渐渐改变了对乔丹的看法。虽然仍然把乔丹当作竞争对手，但是更多的是抱着一种学习的态度去尊重他。

一年后的一场NBA决赛中，皮蓬独得33分（超过乔丹3分），成为公牛队中比赛得分首次超过乔丹的球员。比赛结束后，乔丹与皮蓬紧紧拥抱着，泪光闪闪。

乔丹不仅以球艺，更以他那坦然无私的广阔胸襟赢得了所有人的拥护和尊重，包括他的对手。

当你发现别人的过错时，是严加追究、锱铢必较，还是宽宏大量、不计前嫌呢？

生活需要宽容。宽容不仅是一种胸襟，也是一种睿智。这种气度可以让犯错的人重新审视自己，可以在人与人之间建立理解的桥梁。

我们都不是圣人君子，但是当别人做了错事，尽可能用你宽阔的胸怀去包容他、鼓励他吧，呵斥和责骂只会激起他的逆反心，而宽恕不仅能让对方知错改错，还能让自己保持乐观、平静的心态。

每个人都会犯错，如果过于执着，就会背上思想包袱，限制了自己，也限制了对方。忽视别人的过错，不仅是宽容别人，也是宽容我们自己。对别人多一点体谅，正是给自己多一点空间，不是吗？

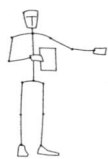

第四章

这十年，你的机会从哪里来？

· 没有专注，你终将一无是处

我相信你一定不会否认，一个人从事某项工作，如果不能全神贯注，不能集中精神，就很容易出差错。

某年，在亚特兰大举行的10公里长跑比赛中，赞助商为可口可乐公司。可口可乐的商标显著地展示在比赛申请表格、媒体证、T恤衫比赛号码上。

比赛当天早上，大会的荣誉总裁比格斯站在台上说："我们很高兴有这么多的参赛者，同时特别感谢我们的赞助商百事可乐。"站在比格斯背后的可口可乐公司代表极为愤怒："是可口可乐，白痴！"超过1000位的参赛者一片哗然……

当时比格斯感到万分羞愧和懊恼。他事后说："我知道是可口可乐，但是我当时分心走神了，结果给人留下了笑柄，可口可乐公司也对我不满。就是在那一天，我知道了专注的重要性。"

你瞧，**一个人如果无法专注地工作，不管他的工作条件有多好，他都会让成功的机会从身边溜走。**

所谓专注，就是专心致志、全神贯注，不受任何内心欲望和外界诱惑的干扰，对既定的方向和目标不离不弃，执着如一、不懈努力。

《ENN》杂志编辑埃尔·沙克兰斯说："专注就是在专业技能的基础上发展起来的一种对工作极其投入的品质，体现在人对工作有一种近乎疯狂的热爱，他们在工作的时候能够达到一种忘我的境界。"

不管身边多么喧闹，静下神来，心无旁骛，一心一意地处理自己正在做的事情，就一定会把那件事做好。

不管你做什么，就好好地把焦点放在你做的事情上。当你和人们谈话的时候，就一心一意地谈话；当你工作的时候，就把心思放在手边的工作上。全神贯注，会帮你做好工作，也会让你离成功更近。

一位农场主巡视谷仓时，不慎将一只名贵的手表遗失在谷仓里。他遍寻不获，便承诺谁能找到手表，就给他50美元。人们在重赏之下，都卖力地四处翻找，可是谷仓内到处都是成堆的谷粒，要在这当中找寻一只小小的手表，谈何容易。许多人一直忙到太阳下山，仍一无所获，只好放弃了50美元的诱惑回家了。

仓库里只剩下一个贫困的小孩，仍不死心，希望能在天完全黑下来之前找到它，以换得赏金。谷仓中慢慢变得漆黑，小孩虽然害怕，仍不愿放弃，不停地摸索着，突然他发现在人声安静下来之后，有一个奇特的声音。那声音嘀嗒、嘀嗒不停地响着，小孩顿时停下所有的动作，谷仓内更安静了，嘀嗒声也变得十分清晰，是手表的声音。

终于，小孩循着声音，在漆黑的大谷仓中找到了那只名贵的手表。显然，这个小孩成功的法则其实很简单：专注地对待一件事，你总会打开成功的大门。

专注的力量是惊人的，集中精神在忘我的境界里工作，做起事来不仅轻松、有效率，也更能把事情做好。

然而现实生活中，很多人都有一个共同的毛病，就是做事情无法专心去做，精力不能集中，到头来只能竹篮打水一场空。一个懂得集中精力专注做好一件事的人，往往没有时间可以像一般人那样浪费。因为他要以有限的生命完成一流的事业，他就必须要有所选择，有所坚持，有所放弃。

他要减少花在交游、娱乐、爱恨纠缠、争执和澄清上的时间；他必须忍住不为小事所缠；他要能很快分辨出什么事不重要，然后

立刻丢掉它。

要成为一个最有效率的工作者，是离不开专注的。把你的专注力放在对你最重要的事情上，只有当你专注于做对你最重要的事，你才能更有效地使用你的精力。

· 你需要有点"狼性"

在狼的世界中，主动是一种与生俱来的本性。物竞天择，适者生存。要想在残酷的优胜劣汰的自然界里得以生存，必须要主动出击。狼深知这一点，所以它们从不守株待兔，而是认真主动地观察和寻找猎物，主动攻击一切可以攻击和捕获的对象并猎取它们。也唯有如此，狼才走到了今天。

狼就是这样一种"贪婪"的动物，为了生存，它们始终保持着饥饿感。只要遇到了食物，狼就会以狂风暴雨之势，主动发起进攻，恨不得席卷掉所有的食物。

正是有了这样的决心，才能让狼在恶劣的环境下得以生存。

其实，做人又何尝不是这样呢？当你总在抱怨缺少机会的同时，有没有反思过：你是否对机会和成功充满了狼一样的渴求呢？

说到这里，我必须提到一位女士，她形象优雅、充满智慧，但是最关键的，是她拥有很多人不具备的那种进取之心。

20世纪30年代，英国一个不出名的小镇，有一个叫玛格丽特的姑娘。玛格丽特从小就受到严格的家庭教育。她的父亲从她懂事起，就不断地告诉她：无论做什么事情都要力争一流，永远做在别人前头，而不能落后于人。"即使是坐公共汽车，你也要永远坐在前排。"

这样的要求对于年幼的孩子来说，并不是轻易就能做到的。但后来的实践却证明了那位父亲是正确的。这种自小就受到的"残酷"教育，培养了玛格丽特积极向上的决心和信心。在以后的学习、生活及工作中，她时时牢记父亲的教导，总是抱着一往无前的精神和必胜的信念，尽自己最大努力克服一切困难，做好每一件事情，事事必争一流，"永远坐在前排"。

上大学的时候，玛格丽特所在的学校要求学五年的拉丁文课程。她凭着自己顽强的毅力和拼搏精神，硬是在一年内全部学完了。而且，让人不敢相信的是，她的考试成绩竟然名列前茅。玛格丽特不光在学业上出类拔萃，她的体育、音乐、演讲也是学生中的佼佼者。当年她所在学校的校长评价她说："她无疑是我们建校以来最优秀的学生，她总是雄心勃勃，每件事情都做得很出色。"

就是她，画出了英国乃至整个欧洲政坛上一抹极其瑰丽的亮色。她连续四年当选保守党领袖，并于1979年成为英国第一位女首相，雄踞政坛长达11年之久。这个人就是被誉为"铁娘子"的玛格丽特·撒切尔夫人。

你要相信，**上天不会把机会随随便便送给你，而是在你不断渴求和不断努力下，你才有可能获得成功**。就像撒切尔夫人那样，什么时候都要坐在最前排，永远盯着自己的进步。也只有像撒切尔夫人那样，拥有那种"贪婪"的狼性精神，才有更多机会从平凡走向卓越。

如果一位女士的故事不能打动你，我再给你讲个孩子的故事。

从前有一个农村的孩子，在他很小的时候，他在一个亲戚的家里看到了一幅世界地图。那是他第一次对我们生活的地球有了概念。原来生活在这个世界上的人有那么多，在村子的外边的外边，还有很多不一样的风景。于是这个孩子立下了一个志愿，要用自己的双脚去走遍全世界。

父亲告诉他说，生活在这个世界上的人并不只讲一种语言，你要去闯世界，就要学习很多种语言，这样你才可以心无畏惧。我可以节衣缩食为你提供学习的机会，但能不能走出去，就要看你自己的努力了。

小孩子记住了父亲的话，开始了他的语言之旅。除了学校里的课业，小孩把所有的时间都用来学习语言。从最开始的英语，然后是日语，再后来是拉丁文、西班牙语、法语……到他45岁的时候，他已经学会了18种语言，走过了50多个国家。

有人问他，你怎么可以学会那么多种语言呢？已经人到中年的他答道："我学完一种语言，总觉得不够，我总想再学习多一些，再多一些，这样以后走出去的时候才不会那么害怕。"

这个世界说温柔也温柔，说残酷也残酷。要想活得出色，你必须要有一点"贪念"，这种贪念就像狼一样，让你不断地想去获得更多东西，而为了得到这些东西，你就要付出更多的努力，去学习更多，拥有更多。

也许你曾经看到过这样一种人：他们表情木然、行动萧索、心态落寞，他们唯一的心愿，就是希望眼前的局面能够维持。他们祈愿的就是不要有任何困难落到自己的身上，再就是每月工资能够按时足额发放。他们本来是有足够的学识，有足够的能力及资源来开创一番事业的，但是没有一点点狼性的精神，他们觉得眼前的生活就已经足够好了。但这其实并不够。

狼为了生存要时常保持饥饿感，人为了生存或更好地生存，也要保持饥饿感。有时候，"贪婪"并不是一件坏事。**对于二十几岁的你来说，你想要什么，你能得到什么，就取决于你是否有足够的渴望和绝学。**

· 看准的路，跪着也要走完

每一种工作都需要脚踏实地的人来执行。主管在聘用重要职位的人才时，都会先考虑下面这些问题，然后才决定是否聘用。这些问题有："他愿不愿意做？""他会不会坚持到底把事情做完？""他能不能独当一面，自己设法解决困难？""他是不是有始无终、光说不做的那一种人？"

这些问题都有一个共同的目的，就是设法了解那个人是不是"行动第一位"。

那么，行动是什么？

首先是动起来。如果你一直在想而不去做的话，根本成就不了任何事。

当一个生动而强烈的意念突然闪耀在一个作家脑海里时，他就会生出一种不可遏制的冲动，提起笔来，要把那意念描写在白纸上。但如果他那时因为有些不便，无暇执笔来写，而一拖再拖，那么到了后来那意念就会变得模糊，最后竟完全从他脑海里消逝了。

你的工作也许不需要灵感，但是要知道，**趁热打铁才能达到最好的效果，凡是决定了的事情，行动的最佳时机就是"现在"**。

但是，如你所知，**仅仅只是开始还远远不够，这个世界上有太多浅尝辄止、半途而废的"伟大"事业**，你可能也经历过。

我的两位大学同学书桓和瑞恒，住同一间宿舍，都想出国读研。于是，两个人约好了，每天早上六点半起床，洗漱完去食堂吃早餐，七点到教室占座，中午十一点半去食堂吃饭，十二点回去继续学习，困了就趴在桌子上睡会儿。晚上花半个小时吃晚饭，然后其他时间就一直在教室学习，直到晚上十点半，宿舍快要熄灯时才回去洗漱。熄了灯以后，反正其他室友也不睡，两个人还要相互抽查单词。

这样的生活节奏持续了半个多月，有一天早上瑞恒突然没有早起，而是跟我们大家一起睡懒觉。我们问他："怎么回事，不考了？"他说："是，太辛苦了，我受不了，还是让我老爸帮我找个工作算了。"

两个人的家境都不差，我们知道书桓的家里同样有这个实力，纷纷打赌，赌他什么时候放弃。然而我们所有人都输了，因为他居然一直坚持下去了。

后来，毕业后我们就各奔东西，书桓去了美国读研，虽然不是常青藤名校，但也数一数二。然后的事情就是，他学成归来，轻轻松松做了名金领，收入和社会地位都出类拔萃，俨然一名精英人士。而瑞恒在一家国企工作，话题始终局限在办公室那点鸡毛蒜皮的小事上。

谈起当年坚持上自习的事儿，我们纷纷夸书桓有毅力。他却淡淡笑着说："那算什么，我在美国读研的时候，我的常态就是每天睡四五个小时，经常熬夜写作业到吐。我基础不算好，最难的一门课第一次考试全班倒数第一，没办法我只能死命学，最后拿了A。圣诞节大家都回家或者出去玩了，我还得逼着自己写各种论文，有一次两天两夜没睡觉才把所有的论文赶出来……学习上就不说了，生活上也各种不习惯，还被开水烫得浑身起泡……不管怎样，总算坚持下来了。谁让是自己选的路呢，再苦再难，跪着也要走完。"

是的。自己认定了的路，跪着也要走完。这才是一个人能够出众的原因。

就像书桓和瑞恒一样，他们都知道去国外读研会提升自己的人生层次，客观条件也都允许，但是一个吃不了苦选择放弃，另一个咬紧牙关坚持下来，从此有了不同的人生旅程。而且，你一定相信，两个人未来所拥有的成就，也将是云泥之别。

一个人只要不甘心平庸，哪怕是有一点点想法，在把想法通过

办法变成现实的过程中，都会遇到各种各样的难题、阻力和麻烦。

这些困难，或许是人为制造的，或许是客观存在的和偶然发生的，不管如何，它们都会让你感到时不予我英雄气短的无奈，会让你有穷途末路求救无门的尴尬。但是你能放弃吗？

人确实是逼出来的。

在难受、痛苦甚至绝境面前，表面上看起来，它很可怕，你很可怜，但是只要在困境中坚持下来，你会发现，它带给你的比你想象中的多一万倍。那不仅仅是一次转折、一次醒悟，更重要的是坚持过后的升华。

在绝境中你往往会突破命运的樊篱，超越与俗人甚至包括你自己所见不同的常规，书写连你自己都不曾想过的神话。所以，绝境中的坚持不懈才是你的资本、你的证明。

所以，记住巴尔扎克那句话吧："绝境，是天才的晋身之阶、信徒的洗礼之水、能人的无价之宝、弱者的无底之渊。"

· 机遇就躲在"细心"的身后

我们经常会听到一些人抱怨没有机遇，或者错过了机遇。真的是这样吗？难道，抓住机会真的就这么难吗？其实，很多时候，机遇从你身边擦身而过，而你却没有发现。

机遇稍纵即逝，它只留给那些有准备的人。只有那些细心的人，才会发现机会。也只有那些细心的人，才能捕捉到机会。

有这样一位女孩，大学刚毕业，到一家公司应聘财务会计工作。第一次面试因她太年轻了，没有工作经验遭到了拒绝。她并没有因此而放弃，她请求主考官再给她一次机会，让她参加笔试。主考官被她的诚意所打动，答应了她的请求。结果，她笔试考了第一名，由人事经理亲自复试。

人事经理对这位女大学生颇有好感，因她的笔试成绩最好。不过，女大学生的话还是让他有些失望。她说："我是刚刚毕业的，以前没有参加过工作，唯一的经验是在学校里掌管过学生会财务。"经理想了想说："如果有消息我会打电话通知你。"

女大学生有些犹豫地从座位上站起来，向经理点点头，然后从口袋里掏出两块钱双手递给了经理，说："不管是否录用，请都给我打个电话。"人事经理也没有想到她会这么做，竟一下子呆住了。

不过他很快回过神来，问："你怎么知道我不给没录用的人打电话？"女大学生说："你刚才说有消息就打，那言下之意就是没录用就不打了。"

这时候，人事经理对这个女孩产生了浓厚的兴趣，他问："如果你没被录用，我打电话，你想知道些什么呢？"女大学生很镇定地说："请告诉我，我在什么地方不能达到你们公司的要求，我在哪方面不够好，我好改进。"

"那两块钱……"人事经理问道。

女孩微笑道："给没被录用的人打电话不属于公司正常开支，所以由我付电话费，请你一定打。"人事经理这时微笑道："请你把两块钱收回去吧，我不会打电话了，我现在就通知你，你被录用了。"

你不一定会遇上这样的事情，但道理是相通的。

作为一种良好的品质，细心原本就能让人对你心生好感。而细

心的人，当然也能比别人捕捉到更多信息，并且把原本不属于自己的机遇捕捉到手，是不是很幸运？

而那些不幸的人，却会把原本属于自己的机遇拱手放弃，这真是一个悲伤的故事。这种悲剧，不管你以前怎样优秀，或者多么精明能干，只要粗心大意，就可能发生。

20世纪70年代，英国广播公司驻香港的记者罗伦斯，报道过不少重大的新闻，被世界上各大报纸转发。这样的一个知名记者也曾因为自己的粗心大意，错过了一条重大新闻。

有一次，罗伦斯正在海滨的家中，他突然接到伦敦总部打来的电话，电话那边很急切地问："'伊丽莎白皇后'号有什么新的进展？"

罗伦斯喝着咖啡不慌不忙地回答："啊，它是世界上最大的邮船，1930年在克莱德河上建成……"

"不，不是，"电话那头大声喊叫起来，"我们问的是现在！"

"噢，它不就停在香港岸边吗，有人计划把它改成海上大学。"罗伦斯有些不解地说。

"但是，那玩意儿现在正在燃烧哩。"总部那边急切地说。

这时候罗伦斯大吃了一惊，快步走到窗前，拉开窗帘。就在他面前的港口，那艘雄伟的邮船从头到尾都在熊熊燃烧，烟雾遮住了整个天空。

"我的天，你们说对了，"罗伦斯向总部大声地喊道，"那条船失火了！"

罗伦斯是一个十分优秀的记者，可是因为这次的粗心，他错过了抢独家新闻的机会。

这又能怪谁呢？

当然，我并不是说只要你细心就一定拥有无穷的机会，这是必要条件，而不是充分条件。

并不是一时细心就能做成什么大事，而是要让细心成为一种生活习惯，在我们的人生之中一以贯之。只有这样，你才能发现很多意想不到的机遇。

对于很多年轻创业者来说，缺乏创业机会是他们最头疼的事情。可事实证明，创业机会正如"生活不是没有美，而是缺少发现美的眼睛"一样，只要你做一个细心的人，创业机会随处可见。

俗话说："处处留心皆学问。"同样的道理，在我们的人生中，只要留心，机会处处有。但我并不能告诉你它在哪里，只有你自己才可以。

· 成功没有模式，看出机会才是本事

借用一本名叫《启动革命》的书中的话吧："到了革命时代，创造新财富的不是知识，而是洞察力，能够发现创新机会的洞察力。发现是旅程，所洞察的机会是目的地，你必须成为你自己的先知。"

成功并没有固定的模式和准则可循，但过人的洞察力和细致的观察力，无疑是十分重要的。平时要留心周围的小事，有敏锐的洞察力，这样才能保证你在细微之处发现机遇。

日常生活中，每天都在发生各种各样的事，有些事使人感到惊奇，引起多数人的注意；有些事则平淡无奇，许多人漠然视之，但这并不排除它可能包含重要的意义。

富尔顿十岁时，和几个小朋友一起去划船钓鱼。富尔顿坐在船舷上，他的两只脚下意识地在水里来回踢着。不知什么时候，船缆松了扣，小船漂走了。富尔顿没有忽视这种生活中的小事，他发现自己的两只脚起了船桨的作用。富尔顿长大以后，经过刻苦的学习和研究，终于制造出世界上第一艘真正的轮船。

　　这个故事，我不知道你会记在心里，还是抛在脑后。说是人生哲理也好，说是励志故事也好，它总是带给我们启发和思索的。

　　若非遇到重大变故，否则，在我们的一生中，往往正是这些微小的、细密的、可能转瞬就会忘记的事情给我们的生活带来转机，为我们的生命增加了神采。用心地把握生命的这种精彩，你将会获得非凡的收获和感悟。

　　早晨一上班，柯里斯就托人订购了一个花篮，送到贝特公司那里，接着登门造访了公司的经理罗德先生："祝贺您，罗德先生。公司的生意真是蒸蒸日上啊！"罗德先生先很惊讶，因为他并没有向柯里斯提供贝特公司的任何消息。但是事实上，作为一家上市公司，贝特公司的股票在一段时间以来保持了强劲的上升势头。

　　显然，罗德先生非常高兴柯里斯的做法，并和柯里斯进行了交谈。在交谈中柯里斯很自然地把话题引到了业务上，没有花太多的精力，柯里斯就从罗德先生那里得到了一张数目不小的订单。

　　得到这样一张订单，柯里斯只不过是上网浏览了一下最近的股市行情而已！并把这些信息纳入了自己的信息网中。

　　柯里斯跟很多推销员不一样，那些人对电话号码簿不屑一顾：上面的电话号码仅仅告诉你怎样和那些顾客取得联系，此外再没有别的帮助。谁知道他们什么时候需要我的产品？

　　但柯里斯先生不这么想，他分析，编入电话号码簿要花成本，因此只有那些认为会有收益的公司才会登记上去，并且只有那些正逐步扩展、大得足以经营额外业务的公司才会占有或扩大广告版面。通常这表明它是这一领域最大最成功的公司。因此，比较新版与上一版的电话号码簿，如果一家公司换了新广告、新条目，很可能这家公司正是兴旺之时。

　　就是从这些经常被忽视的电话号码簿里，柯里斯发现休斯敦地区最大的装修管道的公司和最大最成功的建筑承包商供应行。在里面还可以发现各种各样的以某种职业为生的人、餐馆、医院、服务业、消费者商店，等等。

　　他说，实际上，几乎每个小型到中型的城镇上的公司都会列入电话号码簿。**只要你能培养360度的观察视角和全面考虑的思维方式，就能发现这些细微之处蕴藏的商机。**

　　成功属于眼光敏锐的人，这是毫无疑问的。

　　我不想再跟你讲牛顿被苹果砸到以及瓦特留心到茶壶盖跳动而发明蒸汽机的故事，你已经听得耳朵都生茧了。我想说的是，别以为"看"只是观察，它建立在知识与思考的基础上。

　　道理显而易见。看到一朵尚未被人类认识的花，少女会觉得

"真好看"，而植物学家会认为是重大发现。所以，**能不能"看"出机会来，很多时候也跟你是否拥有专业知识，并且恰好在这一方面留心有关。正如灵感其实是苦思冥想的结果一样，偶然看到的机会，也是长期留心的必然结果。**

一个具有敏锐洞察力的人，只要心有所思，就有可能从日常生活中发现不奇之奇。这也就是为什么人们总说成功的机会其实就在你身边，就看你会不会发现和开拓。每扇机会之门，都有一把打开它的钥匙，但是这把钥匙不在外面，而在每个人的心里。所以，我们也可以说，成功看来遥不可及，角度一换就近在咫尺！

· 在机遇到达之前你应该做什么？

　　抱怨自己怀才不遇的年轻人，我见过很多；是为机遇的降临时刻做准备的人，就凤毛麟角了。某一天，当机会真的来了，当后者把机会握在手中以后，前者只会开始新一轮的抱怨，抱怨自己倒霉，抱怨自己怀才不遇。

　　他们不知道，正是因为时刻准备着，当机会来临时你才有可能成功。**事实上，通常我们所说的命运的转折点，正是我们之前努力付出才换来的机会。**

　　失败者谈起别人获得的成功，总会愤愤不平地说人家是如何如何的好运。就好像别人的成功都是靠运气得来的。而他们自己却从不行动，总是希望有一天机会和运气也能垂青他们。

他们认为成功是降临在"幸运儿"头上的一件偶然的事。殊不知，机会总是留给那些有准备的人。所以那些成功者不会浪费时间去想如何得到机会，他们耽误不起这么多的时间。他们忙于解决问题，忙于发现问题，再解决问题。他们的目的就是把一件事做好，因为他们知道只有这样才能够得到更多的机会和幸运的垂青。

纽约的一个公司被一家法国公司兼并了。公司新总裁一上任，就宣布了一个决定：公司所有员工都要进行法语测试，只有测试合格者才能留用。决定一宣布，几乎所有的人都慌了，纷纷拥向图书馆。他们这时才意识到，不学习法语不行了。

可是，有一位员工却若无其事，仍然像平常一样，下班以后就直接回家了。同事们还以为他已经准备放弃这份工作了，但令所有人想不到的是，考试结果一公布，这个在大家眼中肯定是没有希望的人，却得了最高分。尽管他来公司时间不长，但他还是被公司破格列为第一批留用了。

原来，这位员工在大学刚毕业来到这家公司后，他看到公司的法国客户很多，但自己又不会法语，每次与客户的往来邮件或合同文本，都要公司的翻译帮忙。有时翻译不在或顾不上时，自己的工作只能被迫停止。因此，他认为法语在这个单位很有用，是工作的一个基本条件，公司迟早要把法语作为使用和考核员工的一个重要条件。

于是，他早早就开始了自学法语。这次考试的成功，就是他提前学习的回报，是他早有准备的结果。

古往今来的实践一再证明，无论大事小事，要想做好，要想成功，必须预先做好准备。准备是成功的条件、是过程，成功是准备的目标、结果。

因此，有准备的人，虽然不一定都能获得成功。但是，获得成功的人，一定都是有准备的人。

倘若没有把准备工作做好，你怎么可能抓住转瞬即逝的美好机遇呢？

流传甚广的奥尔·布尔的一件轶事能够更好地说明这个道理。这位杰出的小提琴家，多年以来一直坚持不懈地练习拉琴。通过不断的练习，他的技艺早已成熟了，但是他还是默默无闻，不为大众所知。

当然，**他的好运迟早会到来，因为他已经为成功等待了太久，他早就为成功积蓄了力量，只是在等待机会的来临。**

一次，当这个来自挪威的年轻乐手正在演奏的时候，著名女歌手玛丽·布朗恰巧从他身边经过。奥尔·布尔的演奏使她如醉如痴，她从来没有想到小提琴能够演奏出如此优美动人的音乐，她赶紧询问了这个不知名乐手的姓名。

随后不久，在一次影响力极大的演出中，由于她突然与剧场经理发生了分歧，不得不临时取消了自己的节目。在安排什么人到前台去救场时，她想到了奥尔·布尔。

面对聚集起来的大批观众，奥尔·布尔演奏了一个多小时，就是这一个多小时，使奥尔·布尔登上了音乐生涯的巅峰。对于奥尔·布尔而言，那一个小时便是机遇，只不过，他早已为此进行了漫长的准备。

　　对于那些懒惰者来说，再好的机遇，也一文不值；对于那些没有做好准备的人来说，再大的机遇，也只会彰显他的无能和丑陋，使他变得荒唐可笑。你呢，有没有在为自己梦寐以求的机遇做准备？

· 对自己残酷一些，你才会变得更加从容

当拳王阿里还不是拳王的时候，他每天练习拳击时，都会击打一个形状、重量都与自己差不多的沙袋。有人好奇地问他："你干吗要做这样一个沙袋呢？"阿里说："为了和自己较量。**我只有一次次不断地从心理、力量、技能上战胜自己，才有可能战胜别人。**"

在阿里的职业生涯中，他只输过两次。

据说，第一次失败时，他一气之下击碎了那个以自己为原型做成的沙袋；第二次失败后，他竟然对着镜子中的自己狠狠地击出了一拳。我们都知道他的拳头威力如何，结果镜子碎了一地，他自己也满手是血。

也许，正是因为这样一次次地与自己较量、一次次地战胜自

己，他才能屡屡战胜对手，成为众人眼中的王者。

这个世界上没有一劳永逸的事情，想要立于不败之地，必须不断地提高自己。想要提高自己，你需要对手。这个对手可以是别人也可以是自己，但你最大的敌人永远是自己，因为只有你自己最了解你的弱点，所以你要不断战胜自己，才能让自己变得更强。

很多时候，即便你在自己所处的环境中是最优秀的，也并不代表你可以松懈。假如你是最优秀的，那就意味着最强大的敌人是你自己，你当然也要向他挑战。不是吗？

家住休斯敦的诺埃尔·汉考克从耶鲁大学毕业后，找到了一份相当舒服的工作，给《美国周刊》娱乐版写专栏。大家都羡慕她的工作，只需要和当红明星聊聊天，然后敲敲键盘打打字，就有六位数的年薪。而且，她还有一个深爱着她的英俊未婚夫。看起来，一切都是那么完美，诺埃尔也深感自己真的很幸运。

然而，事情在诺埃尔接到裁员通知的那一刻发生了改变。那时候，她正和男友在一处风景怡人的小岛上度假。

自己失业了？怎么可能会发生这种事情？可是事情就这样发生了。

失业之后的诺埃尔意志消沉了很久，因为不管是工作还是生活都过于顺利的她，从来没有经受过这么大的打击。几周之后，她打算重新找一份工作，可是29岁的她发现，原来这么多年来自己除了写娱乐新闻之外没有任何专长，而且她对在另外一个陌生领域尝试新工作充满了恐惧。自己原本拥有的美好生活原来是这么脆弱而不堪一击?

迷茫而无助的诺埃尔开始重新思考自己的人生,直到有一天,在一家咖啡馆的公告栏上,她看到了这样一句话:**"每天做一件让自己害怕的事。"**

她脑子里顿时涌现出了很多自己害怕的事:害怕环境的变动,害怕与人讨价还价,害怕别人因为自己的举动而不高兴,害怕为自己辩解,害怕在公司会议中发言,害怕在众人面前演说……

她记忆中的诺埃尔是一个充满强烈上进心、不断挑战自我的人,从什么时候开始自己变得这样害怕改变只想原地停留?反思之后的诺埃尔做出了一个决定,她决定和自己来一场较量,用一年的时间来挑战自己,每天做一件现在的自己感到害怕的事情。

可能很多人都这样想过,但勇敢的诺埃尔真的去做了。一年间,她做了很多自己过去从来不敢尝试的事情,去了很多陌生的地方,和遇到的人交流,向他们学习。这一年的时间,让诺埃尔发生了巨大的变化,她把自己的经历写了出来跟大家分享,而她自己也因此迅速成名,开始了全新的职业生涯。

和自己较真,有时候是出于主动,有时候却是迫于被动。不管是什么原因,它都不是跟自己过不去,而恰恰是为了追求更多快乐。那种超越了自我、克服了某种障碍的感觉,是真正的、无与伦比的幸福,也是到达成功的一种有效途径。

实际上，从某种角度来讲，人类之所以区别于其他动物，很重要的一点就是对自我的不满足。为了完成我们的使命，为了给自己的生命赋予意义，人必然要有不满足的状态，不断学习，不断进步。

　　我们只有对自己残酷一点，别人和这个世界才不会那么残酷。

　　人的一生，实际上也正是一个不断与自我较量的过程，与自己的贪婪、恐惧、欲望、缺陷、弱点较量，从而让自我更加完善。不是吗？不断和自己较量，你才能不断超越、一直成长、持续进步，进而成功。

· 连一点儿险都不敢冒的人，还能干点儿啥？

我相信，意气风发的年轻人，没有一个人愿意躺在床上过一生。然而当冒险的结果不太令人满意的时候，很多人又会沮丧地说："还是躺在床上保险。"

很多人似乎都习惯于"躺在床上"过一辈子，因为他们从来不愿意去冒险，不管是生活上，还是在事业上，所以在平平庸庸中度过一生。

当然，我提倡的冒险并不是鼓励大家盲目行动，而是应该使用一种突破常规的手段，它仍然是建立在一定基础上的，这个基础就是创意。随着你实力的增强，你会发现，需要你去冒险的事情会越来越少。这时，成功已经离你很近了。

的确，做任何事情都要一步一步地进行，脚踏实地地去做，不过，这并不是说在同时不可以有任何的梦想，不可以有一点改变目标境遇的想法。当一个人不再具有年轻人的冲劲时，事实上他已经老了——至少是心老。

其实，敢于突破自我并不断追求，你就会有50％的可能成功；即使失败了，所学到的经验教训一样是非常珍贵的。

成功者大都是那些敢为天下先的人，他们一般被人尊为第一个吃螃蟹的人。很多人没能成功，就因为他们怕与众不同，他们安于现状，安于平稳，因此成功也会渐渐远离他们。

迈克尔·戴尔在奥斯汀市的得克萨斯大学读书时，像许多大学生一样，需要自己想办法赚零用钱。那时候，大学里几乎所有的人都想拥有自己的个人电脑，但由于售价太高，许多人买不起。一般人想要的，是能满足他们的需要而又售价低廉的电脑，但市场上没有。

戴尔心想："经销商的经营成本并不高，为什么要让他们赚那么多的利润？为什么不由制造商直接卖给用户呢？"

戴尔知道，IBM公司规定经销商每月必须接收一定数量的个人电脑，而多数经销商都无法把货全部卖掉。他也知道，如果存货积压太多，经销商会损失很大。

于是，他按成本价购得经销商的存货，然后在宿舍里加装配件，提升性能，最后再卖给别人。这些经过改良的电脑十分受欢迎。戴尔见市场的需求巨大，于是在当地刊登广告，以零售价的八五折推出他那些改装过的电脑。不久，许多商业机构、医院和律师事务所都成了他的顾客。

有一次戴尔放假回家，父母担心他的学习成绩，于是说："如果你想创业，等你获得学位之后再说吧。"戴尔当时答应了，可是一回到奥斯汀，他就觉得如果听父亲的话，就是在放弃一个一生难遇的机会。"我认为我决不能错过这个机会。"戴尔想。一个月后，他又开始销售电脑，每月赚5万多美元。

从这以后，戴尔坦白地告诉父母："我决定退学，自己开办公司。""你的目标到底是什么？"父亲问道。"和IBM公司竞争。"戴尔回答。

和IBM公司竞争？这个想法让他的父母大吃一惊，他们觉得他太好高骛远了。但无论他们怎样劝说，戴尔始终坚持己见。终于，他们达成了协议：他可以在暑假期间试办一家电脑公司，如果办得不成功，9月他就要回到学校去继续读书。

戴尔回奥斯汀后，拿出全部积蓄创办戴尔电脑公司，专门直销经他改装的IBM个人电脑。他以每月续约一次的方式租了一个只有一间房的办事处，雇用了第一位雇员——负责处理财务和行政工作。

后来的结果大家都知道了，到了迈克尔·戴尔应该大学毕业的时候，他的公司每年营业额已达 7000 万美元。戴尔停止出售改装电脑，转为自行设计、生产和销售自己的电脑。很快，戴尔电脑公司就在全球 16 个国家设立了附属公司，直到今天，戴尔仍立于不败之地。

也许你会说，那时的戴尔年轻气盛，有资本去创业。但反过来我们再看，一个人放弃自己的学业，拿出自己的全部积蓄去创业，一般人谁能做到？因此，如果你想掘到人生的第一桶金，就必须有放手一搏的胆量和气魄。

当然，我不是鼓励退学。我只是想说，**做任何事情都不可能像大家祝福的那样一帆风顺，随时都可能出现意外情况，出现曲折甚至失败。但是假如你不肯冒险迈出结果未知的那一步，那么你的人生只能止步不前。**

事实上，我们活着的每一天，不都是暴露在风险之下的吗？连过马路都有风险，它早已是我们生活中的一种常态，你又何必对它那么恐惧呢？试着和它和平共处并且驾驭它吧，也许，你会尝到一种别样的甜美滋味。

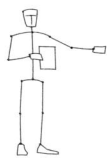

第五章

这十年，你永远不要
停止思考

· 大脑不怕用，就怕你不用

　　心理学家做过这样一个著名的实验。将五只猴子关在一个笼子里，笼子上头有一串香蕉；实验人员装了一个自动的喷水装置，在猴子去拿香蕉的时候，马上就有水喷到所有猴子身上。水压很强，水很凉，喷水会让猴子们感到很难受。

　　在每只猴子尝试拿香蕉被水喷到后，群猴达成一个共识：只要其中哪一只猴子再去拿香蕉，其他猴子就一起惩罚它。

　　接下来，实验人员一次一只把猴子逐个换掉。新猴子加入后，马上想要拿香蕉，其他四只吃过亏的猴子就会把它痛打一顿。新猴子心有不甘，试了几次，还是会被打。几次之后，新猴子也不再去动香蕉了，这群猴子也就没有再被水喷到。

实验人员又把一只新猴子放进笼子，换走一只旧猴子。这只新猴子看到香蕉，就急着去拿，结果也被其他四只猴子狠打了一顿，就这样这只新猴子也不再去拿香蕉了。

后来曾被水喷过的五只旧猴子都被换掉了，但还是没有哪只猴子敢动那串香蕉。猴子群都不知道为什么，只知道想拿香蕉就会被打。

这群猴子受习惯和传统的约束，不再管为什么会是那样，而只顾着遵守规则。猴子很聪明，但也很难摆脱习惯和传统的束缚。

我们现实生活中很多主张稳妥从事、喜欢墨守成规的人，往往不也是遵守着不清楚为什么的传统吗？

人类不是猴子，按说我们不该犯这样的错误。可是事实显然不是这样。有不少人经常"说话不过脑子""做事全凭习惯"，我们不也见过不少吗？

我相信，一个人一生中从来没动过脑是不大可能的，再懒的人，也有动脑筋的时候。偶尔动脑并不难，难就难在，要经常动脑、天天动脑，让动脑筋成为一种习惯，在说每一句话、做每一件事的时候，都要开动脑筋。

从生理学的角度讲，脑包括大脑、间脑、中脑、小脑、脑桥、延髓六部分，具有思考、理解、记忆等特殊能力。它虽然只有1.3～2千克，却拥有165亿个神经细胞，可以容纳的信息量，大约相当5亿～7.5亿册书籍的容量。

这也就意味着，如果一个人孜孜不倦，每天24小时吸收知识和信息，他的大脑所贮藏的知识信息是国家图书馆馆藏图书的25倍。一个经常动脑、勤于思考的人，其使用的脑细胞仅为大脑细胞的1.2%，可见，大脑的容量堪称一个"小宇宙"。

从这个角度讲，相对极为短暂的人生来说，我们的脑力资源几乎是无限的，所以你大可不必担心它会被耗用过多而枯竭。

这么大的脑容量，是上天对我们的恩赐，千万不要浪费了。

而且，你可能不知道，我们的大脑真的是一台非常奇特的"机器"，多动脑筋不仅不会伤到大脑，反而会让它的状态更好。

美国专家对数千名长寿者做的调查表明，勤于动脑可延缓衰老。这是因为，**勤于动脑的老人，脑血管经常处于舒展状态，脑神经能够得到良好的保养，大脑老化会减缓。**

著名学者季羡林先生九十多岁高龄时，依然身强体健，思维活跃，吐字清楚。先生有自成一体的养生之道，他说："我的养生秘诀是：千万不要让脑筋懒惰，脑筋要永远不停地思考问题。"

季老忘我工作，最着急的是他的家人。不让他工作，他决不答应；要他少写文章，他说对不起读者；让他少见客，他觉得对不起人家。他的身体好得出奇，精力旺盛得惊人，有时作几个小时的长篇报告，声音不减，回家后还接着写作。看来，不让脑筋懒惰确实是行之有效的养生之道。

· 对知识的积累，永远不要停止

这是网上流传的一个故事。

深圳有一个乞丐，他和其他乞丐不太一样，可以说是万里挑一，因为他的"收入"能赶得上白领。知情人士根据他的透露解开了这个秘密。

他说："做乞丐，也要用科学的方法。首先要懂得分析优势、劣势、机会和威胁。对于我的竞争对手，我的优势是我不令人反感，因为虽然我破烂但我并不脏。机会和威胁都是外在因素，无非是深圳人口多和深圳将要市容整改等。

"我做过粗略的计算。这里每天人流上万，穷人多，有钱人更多。理论上讲，我若是每天向每人讨1块钱，那我每月就能挣30万。

但是，并不是每个人都会给，而且每天也讨不了这么多人。所以，我得分析，哪些是目标客户，哪些是潜在客户。"

他润润嗓子继续说："在华强北区域，我的目标客户是总人流量的三成，成功率70％；潜在客户占两成，成功率50％；剩下五成，我选择放弃，因为我没有足够的时间在他们身上碰运气。

"首先，目标客户。年轻先生，有经济基础，出手大方。还有那些情侣也是目标客户，他们为了在异性面前不丢面子也会大方施舍。其次，我把独自一人的漂亮女孩看作潜在客户，因为她们害怕纠缠，所以多数会花钱免灾。这两类群体，年龄都控制在20～30岁。年龄太小，没什么经济基础；年龄太大，可能已结婚，财政大权掌握在老婆手中。"

这个乞丐在乞讨中还摸索出了很多技巧。这些实战经验就是他成功的秘诀。

"在一个商场门口，一个帅气的男生，一个漂亮的女孩，你选哪一个乞讨？你应该去向男的乞讨。身边就是美女，他不好意思不给。但你要去了女的那边，她大可假装害怕你而远远地躲开。

"再比如说，在另外一个商场门口，一个年轻女孩，拿着一个购物袋，刚买完东西；还有一对青年男女，吃着冰淇淋；第三个是衣着考究的年轻男子，拿着笔记本包。我看一个人只要3秒钟，我毫不犹豫地走到女孩面前乞讨。我为什么只找她乞讨？因为那对情侣，在吃东西，不方便掏钱；那个男的是高级白领，身上可能没有零钱；女孩刚从超市买东西出来，身上肯定有零钱。"

后来乞丐总结说："所以我说，知识决定一切！要用科学的方法来乞讨。天天躺在天桥上，怎么能讨到钱？**要用知识武装自己，学习知识可以把一个人变得很聪明，聪明的人不断学习知识就可以变成人才。**"

乞丐做到这份儿上，也算得上乞丐中的翘楚了。

你可能从一所著名或者不著名的大学毕业，自以为满腹经纶，掌握了先进科学文化知识，然而你从学校和书上获取的知识，真的够用吗？

十年之前，你能想到自己出门只需要带着手机，就可以购物、支付、随时随地跟人聊天吗？你能想到做出精美的PPT对工作如此重要吗？你能想到自己生活中最重要的事物变成了Wi-Fi吗？

这只是我们日常生活中出现的变化，至于你的专业领域，研究一直在进行，结论一直在被推翻、重建，技术一直在进步，你在课本上学到的东西，毫无疑问是落后的。

对此，你居然没有丝毫危机感吗？你居然还拿着自己的学历沾沾自喜吗？

当今世界的知识有两大特点：一是积累多、知识量大，多得叫人眼花缭乱、目不暇接；二是增长快、发展快，快得千变万化、日新月异，任何一项知识和技术都只有暂时性的意义，这使得人才资本的折旧速度大为加快。

在这个知识与科技发展一日千里的时代，唯有不断学习，不断充实自己，不断追求成长，才能使自己在职场上始终立于不败之地。

更何况，**知识被分成了很多领域，你所占有的，只是其中极小的一块。**

有个笑话是这样讲的：在一个漆黑的晚上，老鼠首领带领着小老鼠外出觅食，在一家人的厨房内，垃圾桶中有很多剩余的饭菜，对于老鼠来说，就好像人类发现了宝藏。

正当一大群老鼠准备大撮一顿之际，突然传来了一阵令它们肝胆俱裂的声音，那是一只大花猫的叫声。老鼠们四散逃命，但大花猫绝不留情，对老鼠穷追不舍，终于有两只小老鼠躲避不及，被大花猫捉到。大花猫正要下口之际，突然传来一连串凶恶的狗吠声，令大花猫手足无措，狼狈逃走。

大花猫走后，老鼠首领从垃圾桶后面走出来说："我早就对你们说，多学一种语言有利无害，这次我就因此救了你们一命。"

要想在激烈竞争中胜出，就必须不断地用知识丰富你的头脑，用学习增强你的能力，只有这样，才能让你的人生走向成功。

· 每天都要思考这个问题："明天做什么？"

年轻的你，需要面临的问题很多。其中最重要的问题之一，恐怕要数"明天做什么了"。

跟四五十岁的人相比，你们的人生还充满了不确定性，也充满了无限可能。当然，也可以说充满了迷茫，以至于很多人不知道自己大学毕业后接下来的路该怎么走。

这也正应了那句名言："人无远虑，必有近忧。"一个人如果没有长远的谋划，就会有即将到来的忧患。今日因成他日果，今天不为他日打算，他日成今日时必然有许多忧虑。倘若你在读书时就每天思考这个问题，今天又怎么会有这般烦恼？

可以这样说，我们要想达到明日的辉煌，只有一种手段，那就

是时刻走好今天的路。反过来说，在今天就积极地为明天做打算，那么明天才更有可能赢得成功。

詹姆士是一家美国跨国公司的驻华代表，全权负责公司在中国地区的业务。一位记者曾经采访过他，记者按惯例问他公司未来有什么规划，本以为他会像以前采访的那些企业家一样说几句"展望宏图、实现目标"之类的话，没想到他很认真地从文件柜里拿出了一份公司未来15年发展规划书。

这份规划是两年前做的，里面分析预测了从2015年到2030年全球市场环境及发展趋势，包括产业形势和竞争形势等，还有企业目前产品定位、现有任务及未来发展方向，以及拓展哪些新的增长点，如何为未来发展建立完善的组织机构、企业机制等，厚厚的像一本大学教材。

詹姆士解释说："我在美国以及来中国这6年，陆续接触了一些中国内地的企业家，他们有一个共同特点，就是每考察一个项目，总要先问多长时间能收到回报。当然，注重回报是必须的，我们也要首先考虑。但不同的是，我们至少要做一个5年短期、10~15年中期、30年以上的长期计划，而你们中国企业家一般只做1年、3年，最长也不超过5年的短期计划，我感到非常惊讶。企业也像人一样，是一个鲜活的生命体，有一个累积发展的过程。一个人的成长需要不断学习、不断思考、不断积累，企业怎么就不需要呢？"

　　詹姆士可能没有听过这句"人无远虑，必有近忧"，但是，他所说的就是这个道理。我们的人生不能只顾眼前，要有长远的打算，要积极地为明天做准备，这样才会收获长远的利益。

　　知道了为明天做好准备，就必须时刻走好今天的路，今天的一切都是在为明天做准备。"不为明天做准备的人，永远没有未来。"因为，成功就好比是一座大厦，今天的努力就好比是建造大厦的地基，大厦能否屹立不倒完全取决于今天打造的地基牢不牢固。

　　当然，在这个过程中，你难免会犯错误。这时候，切记不要再为错误而感伤，因为那已经属于昨天。眼前我们最应该做的，是要积极调整自我，完善自我，放眼未来，积极向前看，为明天做好准备。

　　昨天的失败不代表永远的失败，如果你走不出昨天的失败，总是在为昨天而感伤，那才是永远的失败。当面对失败的时候，我们要以积极的心态乐观面对，相信我们可以潇洒走过。

　　拿破仑·希尔曾经说过："那种经常被视为是失败的事，只不过是暂时性的挫折而已。还有，这种暂时性的挫折实际上就是一种幸福，因为它会使我们振作起来，调整我们努力的方向，使我们向着不同但更美好的方向前进。"

　　人行天地间，匆匆几十年。人的生命如同一条一去不回的河流，流过了就再也不会回来了。时间之紧迫，不允许我们为了昨日的事情感伤。遇到了挫折伤痛，怎么办呢？必须擦干眼泪，迅速振作起来，大步朝前，奔向美好的明天。

· 经验是在寻找规律，而不是概率

"放心吧，我有十几年的经验了，这件事成功的概率很大。"

对于这种话，我是不以为然的。我们做事要遵循规律，却不能赌概率。宝贵的经验，应该用来寻找规律，而不是猜测概率。

万事万物虽然变化无穷，但都有自身发展规律。

知道事物应该是什么样，说明你是聪明人；知道事物实际上什么样，说明你是有经验的人；知道事物本质上怎么样，那你就是一个有思想的人。只有既知道事物的表象，又知道事物的本质，能正确把握事物发展规律做事的人，方能做成事。

我们在做事情的时候，往往会陷入困境，而这种困境导致我们失去了自己的判断和方向。这个时候就需要我们掌握事物发展的规律，只有如此，我们才能更好地完成它。

世界建筑大师格罗培斯设计的迪士尼乐园，经过三年的精心施工，马上就要对外开放了。然而，各景点之间的路径怎么设计还没有最终方案。施工部打电报给正在法国参加一个庆典活动的格罗培斯，请他赶快定稿。

接到催促的电报，格罗培斯非常着急，尽管从事建筑研究40年，攻克过无数个建筑方面的难题，但建筑学中路径的设计问题一直困扰着他。在法国的庆典活动一结束，格罗培斯让司机开车带他到地中海海滨去寻找灵感。

一路上格罗培斯望着窗外，看到许多的葡萄园，园主们大多把葡萄摘下来，摆在路的两侧，向过往的车辆和行人吆喝兜售，然而很少有人停下车来购买。

可是，当汽车拐入一个小山包旁边时，他发现那儿停着好多汽车。格罗培斯也让司机停车，下车后经询问才知道，这是一个无人看管的葡萄园，只要你在路旁的箱子里投入五法郎，就可以摘一篮葡萄；还听说这是一位老太太的葡萄园，她因年迈无力料理而想出这样的办法。

更令人不可思议的是，在这绵延百十公里的葡萄产区，总是她的葡萄先卖完，而且价格最高。格罗培斯决定不再去地中海海滨，而是返回驻地，因为他已找到了灵感——给人自由。

返回驻地后，他给施工部拍了一份电报：撒上草籽，提前开放。施工部按照要求在乐园撒满草籽。没多久，小草长出来了，整个乐园的空地被绿茵覆盖。随着小草的生长，因被人经常走踩而形成的路径也显露了出来，它们蜿蜒曲折、宽窄有序，优雅自然。1971年，在伦敦国际园林艺术研讨会上，迪士尼乐园的路径设计被评为世界最佳设计。

从上面的故事中我们看出，正是因为格罗培斯懂得如何总结规律，他才找到了设计迪士尼乐园路径的方法。我们在生活中和工作中也应该这样。

庖丁解牛之所以得心应手，在于庖丁掌握了牛的机体组织结构；揠苗助长之所以失败，是因为违背了禾苗生长的规律，急于求成。

事物的规律，在今天找不到例证的，可以在历史上获取；在本国找不到例证的，可以在外国获取；在一个制度下找不到例证的，可以在另一种制度下获取。

世间一切事物，都有它自身的规律。由于人类认识事物的片面性、局限性，以及我们自身能力的有限性，只有把握规律，顺势而为，不强制，不苛求，才是上策；如果违背规律，削足适履，就会适得其反。

但是，把握规律做事不能理解为"什么事情也不去做"，干脆守株待兔、听天由命。规律是做事的隐规则，是以做事情为前提的。所以，凡事不能蛮干，不要做与本性相违背的事情，不自以为了不起而做事张狂，不逞强好胜地扭曲自己的本性。

当你真正掌握了事物的规律，遵从大自然的规律做事，怎会不得心应手呢？

· 缺乏想象力的人，还谈什么竞争力？

　　有一个只有十岁的小朋友，名叫小戴维，他已经凭自己的想象力赚了几百万美元。

　　小戴维还是个小学生，成绩一般，却是一个特别爱动脑筋的人。他的第一个发明很简单：因为晚上总要上洗手间，懒得开灯；没有照明情况下走到厕所就难以一下找准马桶。为了解决这个问题，小戴维在马桶盖上涂上一层夜光粉，天黑时不开灯也可以方便地使用。这个发明很实在，他那当轿车司机的爸爸和在超市当售货员的妈妈有专利意识，立刻为他申请了发明权。这项发明权很快就被一家公司以高价买去，小戴维得到了酬金10万美元。

　　不久，小戴维又有了新的灵感，他想在自家的汽车上安装一部类似电视机的仪器，遇到堵车时，能够从屏幕上看到前头堵车的原因，据此就可以决定是等待还是绕道而行了。年仅十岁的小戴维此时真的还没有独立设计和制造的专门知识。不过小小问题难不倒爱动脑筋的小戴维，他把自己的想法告诉了一个同学的爸爸——一位教授。正好这位教授也在研究堵车问题，听了戴维的设想后大为震惊并受到启发，很快就设计出一种"堵车显像机"。教授得到了一笔巨款之后，从中拿了10万美元送到小戴维家中。

从此以后，小戴维的发明越来越多，在社会上引起了轰动。好莱坞的一家电影公司邀请这位小神童自编自导自演，拍成了一部影片《小小发明家》。影片一炮打响，小戴维一次就得到片酬500万美元。

世界上没有穷人，只有缺乏想象力的穷人。充分发挥你的想象力，你也许就是下一个小戴维，下一个优秀且拥有巨额财富的人！

两个青年一起开山，一个把石块砸成石子运到路边，卖给建房的人；一个直接把石块运到码头，卖给城市的花鸟商人，因为这儿的石头总是奇形怪状。3年后，后者成为村上第一个盖起瓦房的人。这种差距的关键是，后者发现了石子与城市生活的联系，前者只知道石子与建房的联系。

后来，不许开山，只许种树，于是这儿成了果园。因为这儿的梨汁浓肉脆，他们把堆积如山的梨子成筐成筐地运往大城市，甚至销往国外。后来曾卖石子给花鸟商的那个果农卖掉果树，开始种柳。因为他发现，来这儿的客商不愁挑不到好梨子，只愁买不到盛梨子的筐。5年后，他成为第一个在城里买房的人。这里的关键是他发现了柳树与梨之间的联系。

再后来，铁路通车了，这里正处于铁路沿线。这个人又在铁路沿线的树林边缘建起了砖墙，把墙的使用权出售给广告公司，让他们在上面书写广告。

和这种充满想象力的人竞争，假如你没有创意，怎么可能活得下去？

优秀的人从来不缺乏想象力，头脑灵活、懂得变通、富有想象力的那部分人往往都是人群中优秀的群体，想象力正是优秀者的重要特质。

这也就意味着，如果缺乏想象力，你很难成为成功者。想想看，不是吗？缺乏想象力的人，当然也就缺乏创新能力。在这个产品同质化、人才批量生产的年代，你跟其他人的差距，不就体现在创造力上吗？

如果你不能把事情想得跟别人不一样、做得跟别人不一样，又凭什么要求自己取得的成就跟别人不一样呢？

在当今这个物质充裕的社会里，我们还有什么资源可供利用来为自己的成功增加砝码呢？那就是人们自身用之无穷的创新思维。只有充分意识到这一点，我们才能不断地去攀登成功的山峰。只有懂得充分地利用这些创新思维，充分发挥想象力，才可以打破头脑中的束缚，为自己的成功多铺上几块垫脚石。

· 有时候，你和成功只差一点思考

在美国华盛顿的杰斐逊纪念堂前，有一堆造型别致的石头。但是，从一开始这堆石头就被腐蚀得厉害。在很长的一段时间里，这成了纪念堂清洁维护部门大伤脑筋的问题。他们也曾想过直接更换掉石头，但这样做不仅需要大量经费，更重要的是会大大地改变纪念堂的设计原貌。对这个左右为难的问题，许多专家都一筹莫展。

一天，一位年轻的清洁工走进主管领导的办公室，声称自己已经找到了解决的办法。望着领导投过来的疑惑神情，他异常平静地问道："为什么石头会被腐蚀？"

"很显然，当然是因为维护人员过度频繁地清洗石头。"领导答道。

"为什么要这样频繁地清洗？"

"废话！你没看见那些经常光临的鸽子们留下了太多的粪便！"领导激动地回答。

"那为什么有这么多的鸽子来这里？"清洁工继续问道。

"当然，这里有足够多的蜘蛛可供它们觅食。"

"蜘蛛为什么都往这里跑，而不往其他地方去呢？"

"因为……每天傍晚，这里有许多飞蛾。"领导迟疑地答道。

"很好，"这个清洁工神秘地笑笑，"那么，我们有没有想过，为什么这里会有如此多的飞蛾呢？"

"哦，这个我倒从来没想过，应该是……是黄昏时纪念堂的灯光吧！"

领导豁然开朗，他立即命令推迟纪念堂的开灯时间。没有了灯光，飞蛾就不会光顾；飞蛾少了，蜘蛛就渐渐消失了，鸽子也就很少来了……

一个困扰了人们多年的难题，就这样被轻而易举地解决了。**你和解决问题之间所差的，也就是这一点思考。**

对于每一个人来说，生活就是问题叠着问题。面对世事纷扰，我们要培养周密思考的习惯，理清思路，在第一时间抓住事物的本质。

在20世纪初的日本，脚踏车的照明灯有三种：蜡烛灯最流行，但亮度不够，极易灭掉；进口瓦斯灯亮度足，价格又太贵；电池灯亮度适中，但有一个致命弱点——电池的寿命只有两三个小时。

通过对三种车灯进行分析，刚刚创业的松下幸之助生产出一种新型的电池灯。这种经过精心改良的电池灯，可以连续发光50个小时以上，相当于原来持续时间的25倍多！因为它的外形像炮弹，所以被人们戏称为"炮弹灯"。望着第一批下线的电池灯，松下幸之助欣喜若狂。他对这种灯的销售前景信心十足：一定可以卖得很火！

但是，现实却无情地泼了他一头凉水！他一连跑了几家商店，那些店主却并不相信他："电池灯名声太坏了，以前不知道有多少人上了当，谁还敢再买？……"在数周内，他走遍了大阪所有的商店，竟没有一家愿意进他的货。

松下幸之助的几个手下纷纷主张降价促销，把价格压到比改良前的电池灯还低，借此回收一部分资金，以解燃眉之急。但是，他却坚决反对这样做。因为问题的关键是以前的电池灯厂家已经把市场做坏了，人们根本就不相信自己的产品，跟价格高低并不相干。只有让人们亲自看到产品的质量，才能从根本上打开局面。

于是，他决定采用以试促销的方法。他在每一家店里都放几个电池灯，点亮其中一个，叮嘱店主一定要让灯一直点下去，看它能坚持多久。如果持续时间太短，可以不付钱。如果能够超过30个小时，那就表明产品的质量过硬。如果顾客要买，你们可以把剩下的卖给他。

这一招果然灵验。就这样，"炮弹灯"一炮打响。不到一个月，库存的6000个电池灯就销售一空。此后，电池灯在日本持续热销。这不仅为松下幸之助带来了滚滚财源，松下电器也因此在业界声名鹊起。

松下幸之助之所以能够在危急时刻扭转乾坤，并不在于他有多高的技巧，而在于他经过周密的思考，紧紧抓住了客户不了解产品质量这一关键，从而一举实现了事业的腾飞。

伟大的科学家爱因斯坦曾经说过：将一个问题准确地界定，就等于解决了问题的一半。不管是解决工作中的各种问题，还是发明创造、经营实业或者做更大的事业，周密仔细地思考，理清思路，准确地界定问题，都是解决问题的前提。

要知道，世界上有两种人：笨人是把简单的事情复杂化，聪明人是把复杂的问题简单化。第一种人是越做越忙，越忙越乱，最后连自己忙在何处都不得而知了；第二种人则越做越轻松，越做越成功。两者的区别在于，优秀的人能够抓住问题的关键，进而一举中的。

你是聪明人还是笨人，就在下一次做事情的过程中给自己进行评判吧。

· 成功的捷径，就是善于捕捉到商机

成功有捷径吗？我的回答是肯定的。

致富的捷径就是以积极的思考致富，相信你能，你就做得到，不论你是谁，不论年龄大小，不论学问程度高低，都能获得财富。而这捷径的关键就是：要善于捕捉商机。换句话说，就是要善于捕获信息。

人们常说，时间就是金钱，而实践证明，信息也是金钱。捕获你所接触到的信息中最有利的那个商机，就是你更快成功的捷径。

乔治·哈姆雷特在一家退伍军人医院疗养。休闲的时间很多，可是能做的事情并不多，他就静下心来读书思考。

乔治知道很多干洗店在烫好的衬衣上加上一张硬纸板，以防止

衬衣变形。他写了几封信向厂商咨询，得知这种硬纸板的价格是每千张4美元。他在静静的思考中突发灵感，在硬纸板上加印广告，再以每千张1美元的低价卖给洗衣店，通过广告费赚取利润。

乔治出院后，立刻着手进行，并持续每天研究、思考、规划。广告纸板推出后，乔治发现客户取回干净的衬衣后，里面的纸板会被丢弃不用。

乔治问自己："如何让客户保留这些纸板和上面的广告？"答案闪过他的脑际。于是他在纸板的正面印上彩色或黑色的广告，背面则加进一些新的东西——孩子的涂色游戏、主妇的美味食谱或全家一起玩的游戏。

有一位丈夫抱怨洗衣店的费用激增，他发现妻子竟然为了收集乔治的食谱，把可以再穿一天的衬衣送洗。

就这样，乔治在无意中闪现出的灵感被捕捉到，成就了他。

有一位糖果商人，虽然拥有自己的糖果厂和经销部，但由于规模太小，加上各大厂商的激烈竞争，生意很是萧条，若不改变现状，工厂将面临倒闭。

糖果商每天夜不能寐，但还是想不出好的办法。一天，他一个人到街上转悠。他看到一群孩子在玩游戏，就走过去观看，很快他就被孩子们的游戏吸引住了。

那些孩子在玩一个"幸运糖"的游戏，规则是：把一些糖果平均放在几个口袋里，由一个人把一颗大家选出来的"幸运糖"随意

放进其中的一个口袋里，然后所有人再随意选一个口袋，从中拿出一个糖果，如果谁有幸拿到"幸运糖"，他就能享受特权，即他就是皇帝，其他人都是臣民，每人要上供一颗糖给他……看完这个游戏，他的脑子灵光一闪，想出一个挽救工厂的办法。

在那个时候，糖果的价钱只要1分钱，糖果商把自己的糖果改名为"幸运"，并在糖果包里包上1分钱作为"幸运品"，如果谁有幸买到装有钱币的糖果后，就可以得到里面的钱。而在其他的糖果包里放上众多可爱的小动物形象作为奖励。此后，糖果商开始不惜血本地做广告，大量地投入生产，并在报纸、电台打出口号："打开，它就是你的！"把"幸运糖"描绘成一种能给人们带来幸运和惊喜的物品。

果然，由于方法奇特新颖，又抓住了孩子们的心理，他的糖果一时闻名全国，销量也迅速上涨几百倍。就在"幸运"糖果走红时，其他的一些糖果商也都纷纷模仿，虽然销量也有所提高，但都无法和他相比，很快"幸运糖"就为他带来了巨大财富。

你瞧，**商机往往藏在别人没有想到，或者没有做过的事情中。它和思考、创意密切相关。**

每个人的生活道路虽不尽相同，但人人都想成功，虽然有人成为科学家，有人成为百万富翁，但多数人则是平平淡淡走过坎坷一生，甚至一事无成。

为何会有如此大的差别，或许你会说，那些科学家、发明家是天才，他们遇到好机会，但你可曾发现所有的成功人无不是喜欢尝试的人，他们懂得运用自己的思维，走别人没走过的路，做别人没做过的事。他们知道，如果不能领先他人，而是一味地去跟随别人的脚步，那么就永远只能做走在别人后面的人。

所以，你需要思考，独立思考而不是盲从他人。因为跟着别人后面，只能吃一些残羹冷炙。但藏在你头脑中的思考能力和你最先发现的商机，却能让你得到一个大蛋糕。

学会思考吧，每一天1440分钟，哪怕你用1%的时间来思考、研究、规划，也一定会有意想不到的结果出现。

· 跳出思维定式，换个思路试试

人一旦形成了习惯的思维定式，就会习惯性地顺着定式的思维思考问题，不愿也不会转个方向、换个角度想问题，这是很多人的一种"难治之症"。

阿伯特·卡米洛是一位高明的心算家，从来没有失算过。

这一天他表演时，有人上台给他出了道题："一辆载着283名旅客的火车驶进车站，有87人下车，65人上车；下一站又下去49人，上来112人；再下一站又下去37人，上来96人；再再下一站又下去74人，上来69人；再再再下一站又下去17人，上来23人。请问……"

那人还没说完，心算大师便不屑地答道："小儿科！告诉你，火车上一共还有——"

"不，"那人拦住他说，"我是请您算出火车一共停了多少站。"

阿伯特·卡米洛呆住了，这组简单的加减法成了他的"滑铁卢"。

真正"滑铁卢"的失败者拿破仑也有一个故事。

拿破仑被流放到圣赫勒拿岛后，他的一位善于谋略的密友通过秘密方式给他捎来一副用象牙和软玉制成的国际象棋。拿破仑爱不释手，从此一个人默默下起了象棋，打发着寂寞痛苦的时光。象棋被摸光滑了，他的生命也走到了尽头。

拿破仑死后，这副象棋经过多次转手拍卖。后来一个拥有者偶然发现，有一枚棋子的底部居然可以打开，里面塞有一张逃出圣赫勒拿岛的详细计划！

两个故事，两种遗憾。

他们的失败，其实都是败在思维定式上。心算家思考的只是老生常谈的数字，军事家想的只是消遣。他们忽略了数字的"数字"，象棋的"象棋"。由此可见，在自己的思维定式里打转，天才也走不出死胡同。

有这样一道测试题：一位公安局长在茶馆里与一位老头下棋。正下到难分难解之时，跑来了一个小孩，小孩着急地对公安局长说："你爸爸和我爸爸吵起来了。"老头问："这孩子是你的什么人？"公安局长答道："是我的儿子。"

请问：这两个吵架的人与公安局长是什么关系？

据说有人曾将这题对 100 人进行了测验，结果只有两个人答对了。你是不是已经从婚姻、抚养和血缘等角度开始推测他们之间的关系，感觉是不是很复杂？

其实答案很简单：公安局长是女的，吵架的一个是她的丈夫，即小孩的爸爸；另一个是她的爸爸，即小孩的外公。

为什么我们刚才把他们之间的关系想得很复杂呢？因为"公安局长""茶馆""与老头下棋"这些描述，使我们从以往的经验判断出发，为公安局长预先设定了一个男性身份，这样就把简单的问题复杂化了。

这种预先设定的心理状态和惯性的思维活动就是思维定式。

为什么我们会有这种思维定式呢？因为我们拥有很多知识和经验，并且对其过于依赖，依赖到放弃了更多的思考。那些以往的知识和经验积累，逐渐形成一种判断事物的思维习惯和固定倾向，从而形成"思维定式"。这一点，自诩知识和经验丰富的人，更应该注意。

著名的科普作家阿西莫夫天资聪颖，他一直为此而扬扬得意。有一次，他遇到一位熟悉的汽车修理工。修理工对阿西莫夫说："嗨，博士！我出道题来考考你的智力，如何？"阿西莫夫同意了。

修理工便说道："有一位既聋又哑的人，想买几根钉子，来到五金商店，对售货员做了一个手势：左手两个指头立在柜台上，右手握成拳头做敲击状。售货员见了，给他拿来一把锤子。聋哑人摇摇头，指了指立着的那两根指头。于是售货员给他换了钉子。聋哑人买好钉子，刚走出商店，接着就进来一位盲人。这位盲人想买一把剪刀，请问：盲人将会怎样做？"

阿西莫夫心想，这还不简单吗？便顺口答道："盲人肯定会这样——"说着他伸出食指和中指，做出剪刀的形状。修理工笑了："哈哈，盲人想买剪刀，只需要开口说'我买剪刀'就行了，干吗要打手势呀？在考你之前，我就料定你肯定会答错，你所受的教育太多了，不可能很聪明。"

其实，并不是因为学的知识太多，人反而变得笨了，而是因为人的知识和经验会在头脑中积累形成惯常定式。这种思维定式会束缚人的思维，会使人习惯于用旧有的、常规的模式去思考和处理问题。当面临外界事物或现实问题的时候，人就会不假思索地把它们纳入特定的思维框架，并沿着特定的路径对它们进行思考和处理。

有的人不敢去尝试新的东西，往往并不是因为他们没有能力，而是因为他们的思维定式造成的。你是这样的人吗？

· 人要往前走，但思维可以"逆向"

你一定早就发现，人们习惯于沿着事物发展的正方向去思考问题并寻求解决办法。包括我，在未进行严格训练以前，也是这样。

然而，正因为人人都这样，你才更需要逆向思维，它能让你与众不同。

什么叫逆向思维呢？它也叫求异思维，是对司空见惯的似乎已成定论的事物或观点反过来思考的一种思维方式。

这种思考问题的方式，敢于"反其道而思之"，让思维向对立面的方向发展，从问题的相反面深入地进行探索，往往能够得到喜出望外的结果。

美国的马克·欧·哈罗德森是一个商业奇才，他写过几本畅销书，介绍他赚钱致富的手段和思考问题的方法。哈罗德森是从房地产起家的，4年中赚足100万美元，实现了他自己制定的目标。

他在书中透露出快速致富的一个秘诀：逆向思维法。即当普通人对某种经济活动蜂拥而上时，赶快撒手撤离；而当多数人认为某种经济活动毫无利益可图、避之唯恐不及时，则应积极研究。这可能正是机会到来了，需要大胆地从事之。

这种思路，相信大家已经不陌生了，"当菜市场的大妈都在谈论炒股时，你应该清仓"就是这种思想的典型例子。

这种逆向思维方法之所以能带给人机会，在于它符合事物发展过程中盛衰转化的规律。

一种物品的供给，或者对一种物品的需求总不会是无限的。如果它看来供给似乎源源不绝、不能穷尽之时，往往预示它将要匮乏；如果供给充裕，价格低廉，人人急欲脱手，那么当它来源耗尽，市场短缺，价格势必暴涨。所以在人们都追求时抛出去，人们都冷落时购进来，以一倍之本而获数倍之利，是常常可以办到的。

有段时间，全国各大饭店纷纷推出"最低消费"这一经营招数，这无形中拒绝了一部分消费者走进饭店大门。一家广州的饭店反其道而行之，提出了"最高消费"的创意，即进这家饭店消费的顾客平均每人消费不得超过一百元。

该饭店老板懂得，精彩的策划绝不是随波逐流，而是另辟蹊径，做人无我有之事，显示出自己独特的经营个性。

而且，当时由于激烈的竞争，使一些饭店都错误地挤向了豪华宴和黄金宴的小道上，但有钱的暴富者毕竟有限，继续摆阔气的风险性极大。

再从社会舆论上看，新闻媒体也越来越多地谴责豪华消费，大有封杀之势。所以该创意一出，技惊四座，效果非常好，饭店不仅收入大大增加，还树立了良好的企业形象。

逆向思维最宝贵的价值，是它对人们认识的挑战，是对事物认识的不断深化，并由此产生了无穷威力。

20世纪60年代中期，当时在福特一个分公司任副总经理的艾柯卡正在寻求方法，改善公司业绩。他认定，达到该目的的灵丹妙药在于推出一款设计大胆、能引起大众广泛兴趣的新型小汽车。

在确定了最终决定成败的人就是顾客之后，他便开始绘制战略蓝图。以下是艾柯卡如何从顾客着手，反向推回到设计一种新车的步骤：

顾客买车的唯一途径是试车。要让潜在顾客试车，就必须把车放进汽车交易商的展室中。吸引交易商的办法是对新车进行大规模、富有吸引力的商业推广，使交易商本人对新车型热情高涨。说得实际点，他必须在营销活动开始前做好小汽车，送进交易商的展室。为达到这一目的，他需要得到公司市场营销和生产部门百分之百的支持。同时，他也意识到生产汽车模型所需的厂商、人力、设备及原材料都得由公司的高级行政人员来决定。

　　艾柯卡一个不落地确定了为达到目标必须征求同意的人员名单后，就将整个过程倒过来，从后向前推进。几个月后，艾柯卡的新型车——野马从流水线上生产出来了，并在20世纪60年代风行一时。它的成功也使艾柯卡在福特公司一跃成为整个小汽车和卡车集团的副总裁。

　　你应该已经明白了，对于某些问题，尤其是一些特殊问题，从结论往回推，倒过来思考，从求解回到已知条件，反过去想或许会使问题简单化，使解决它变得轻而易举，甚至因此而有所发现，创造出惊天动地的奇迹来，这就是逆向思维和它的魅力。你何不从现在开始，就试试逆向思维的魔力呢？

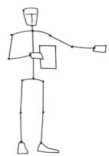

第六章
这十年，你要提高自己的情商

· 为什么聪明人那么多，成功的却很少？

可能很多人想当然地以为，这个世界上处于金字塔尖的那部分人，一定是爱因斯坦那种智商超高、聪明绝顶的人。但事实上，除了在科学领域，这一观念在其他领域都体现得非常不明显。

相反，你经常会惊讶地发现某个著名人物"怎么资质平平啊？"，而且你可能也时常疑惑不解：为什么那些看上去智力不及我们一半、在学校排名一般的同学却取得了巨大成功，在人生的旅途上把我们远远地抛在了后面？

如果你有这个疑问，本身就说明你的观念存在问题。

要知道，**现代心理学研究表明，在决定一个人成功的诸多要素中，居核心与决定地位的是情商，不是智商。**

智商只是成功的必要条件，而不是充分条件。所以我们在生活中常常看见，很多学历不高的人都当上了老板，而高学历的人往往只是打工者。其实，具备高学历的聪明人并不一定就能成功，它只是具备了成功的可能性而已。

只可惜，很多人总是有意无意地忘了这一点。

我当然不是说聪明人不能成功，或者不聪明的人更容易成功。我的重点在于，千万不要把"是否聪明"作为衡量事业或前途的根本条件。

现实生活中，我们常以智商高低来判断一个人聪明与否，但再聪明的人也有其短，再笨的人也有一长。

大家应该都看过电影《阿甘正传》，这位名叫阿甘的年轻人，绝对不算聪明。因为他的智商只有75，进小学都困难。但是，他几乎做什么都成功：长跑、打乒乓球、捕虾，甚至爱情。最后，他成为一名成功的企业家，而比他聪明的同学、战友却活得并不成功，这真是对聪明的一种嘲弄。阿甘常爱说的一句话是："我妈妈说，要将上帝给你的恩赐发挥到极限。"

阿甘的成功，从某种意义上说，与他的轻度弱智、不懂得计较输赢得失有关。他唯一能做到的就是坚持，认真地做、傻傻地执行。但是，你一定要知道，**他的成功并不是因为"傻"，而是傻傻地坚持，坚持将个人的潜能发挥到极限。**

我们的身边从来都不缺"聪明人"，而是缺少这样的"傻子"。

聪明人，往往因为太聪明、太懂得讨好自己，所以遇到问题总是怨别人、怪社会，算计着要有一分收获才肯投入一分耕耘，投入产出比不划算就不肯耕耘。于是对于每个决策、每个命令，都要看自己有多少得益，有多少损失，如果不合算，便"上有政策，下有对策"。

殊不知，很多事情前期是十分耕耘，三分收获，后期才是三分耕耘，十分收获。阿甘并不是真的愚者，真的愚者是欺负他的人。他成功的方法只有一个——那就是不计成本地努力……他成功的秘诀就在于他的"单纯"或者说"执着"。

而那些聪明却不坚定的人，往往没有一个明确目的，四处出击，结果分散精力，浪费才华。相反，那些看似愚钝的人有一种顽强的毅力，一种在任何情况下都坚如磐石的决心，一种不受任何诱惑、不偏离自己既定目标的能力。

有句老话叫"知易行难"，懂得道理很容易，付诸行动却很难。聪明人喜欢"眉头一皱计上心来"的潇洒，但是，他们往往只限于"头脑风暴"，而不善于执行到位，再加上他们容易刚愎自用，结果聪明反被聪明误。

这是一个很奇怪的现象，但事实却真的如此，聪明人不一定成功，"愚钝者"不一定失败。所以，即使我们资质平平，也不要丧失信心，成功可以属于我们。而即便我们聪明伶俐，也不要扬扬得意，因为假如你情商"欠费"，成功照样离你很远。

· 13 个简单法则，让你更加乐观

面对磨难，你总是看阴暗面还是看光明面？面对失败，你是注重失去多少还是注重从失败中收获了多少？面对危机，你更多的是看危险还是看机遇？

从这些问题的答案中，能看出你是否是一位乐观的人。

说实话，让所有人乐观，或者说，让一个人在一生中的所有时间都乐观，原本就是不太现实的。人有七情六欲，我们不太可能断绝其他感情，只留下喜悦。

而且，有些时候，你并不需要乐观。比如，在你春风得意，所有人都在恭维你时；或者，所有人都在宣扬股市将要冲破一万点时；或者，事情顺利得不可思议的时候……**这时，你反而需要多一**

份谨慎。

当然，在人生中的大部分时刻，我们还是需要乐观的。 至于我们为什么需要乐观，相信不用我过多强调。

在个人成长过程中，心态影响着个体的行动，它能使人成功也能使人失败。只有那些抱有积极心态并付诸行动的人，才更有可能取得成功。

"我是自己命运的主宰，我是自己灵魂的领导。"这是高情商者的信条。心态，它不仅能给人以奋斗的力量，更能够给人指引奋斗的方向。有了这种指引，成功只是时间的问题。

和其他道理一样，乐观也是"知易行难"的。

风平浪静的时候，你可能也挺乐观的，但是一遇到风吹草动，你可能马上把乐观抛到九霄云外。

比如，要出门时却发现电动车被偷了，与同事、朋友因小事争吵，被上司误解批评，考试没及格，升职名单没有你……人生总有许多这样那样让人心烦的琐事。

遇到这些不如意，确实很难嘻嘻哈哈乐开怀。如果不善于调整心态，日积月累就会产生不良情绪，影响学习、生活和事业发展。

因为，**决定结果的，往往并不是事情本身，而是看待事情的态度。一件事情，你怎样看待它，它就是怎样的。**

第一次滑雪时，我丢失了一块价值不菲的玉佩，回想起来，一定是摔倒的时候掉了，自己没发现。心里当然非常痛惜，情绪也

很低落。然而我又转念一想："我是在高级雪道上摔倒的，而且是在一个弯道上，当时险象环生，我能够平安无事，真的是上天保佑了。"

这样一想，我马上心情好了起来，而且认为自己非常幸运。

你瞧，同样一件事，不同的看法，就进入了两个世界。在这两个世界，人的心态完全不同：一个世界里人只看到了自己的付出和失去；而另一个世界里人看到的却是生活所给予他们的点点滴滴的快乐，在他们的眼中，失去和失败也是一种快乐，至少能帮助自己发现自己的缺点和不足。

没有一种生活是完美无缺的，也没有一种生活能让一个人完全满足，一个人对生活的看法决定他的一生。

毕竟，这个世界就像一个万花筒，你怎样去看，就会有怎样的结果。所以，我们要积极调整心态，拥有健康的心态，努力培养高情商，超越自己，走向成功。

那么，如何来保持健康向上的心态呢？下面有一些小建议，可以让你更容易乐观。

① 热爱生活。热爱生活的人遇到挫折时，会更积极乐观地面对。

② 有爱心。心中有爱的人，更容易感受到世界的温暖与善意，也更容易乐观。

③ 抛弃怨恨，学会原谅。怀有怨恨心理的人情绪波动较大，

喜欢抱怨、后悔、自责，不是对人怀有敌意，就是自暴自弃，影响自身发展。

④ 感受内心并表达出来。品味自己愉快的感受，与人分享，传递快乐情绪。同时也合理宣泄不良情绪，避免负面影响。

⑤ 保持乐观情绪。遇事经常能往好的方面去想，遇到不顺要多想它可能带来的好处。

⑥ 富有幽默感。幽默是健康人格的重要标志，也能让人看待事情的视角更乐观。

⑦ **坦然面对现实。你这一生必然面临种种压力，要勇敢地面对，把它当作一种挑战。**

⑧ 适度调整生活目标，对自己不能苛求，按照能力制定目标。

⑨ 在适当的时候放松自己，比如说假期里和家人一起旅游，或者和朋友一起去野炊钓鱼等，尽量让自己的身体和心灵都得到放松。

⑩ 消除紧张。多和陌生人交流，多在众人面前讲话，有助于消除紧张，让你更自信乐观。

⑪ 一心不可二用，集中精力做好一件事以后再做另一件，这样效率更高。

⑫ 合理安排时间，让自己休息好，才有利于情绪高涨。

⑬ 经常往后看看，在自信心不足的情况下，多往后看看那些不如你的人，然后再想想你的优势，这样，你的自信和乐观更容易恢复。

· 提高挫折的抵抗力，情商就是催化剂

新年时我们都会收到"万事如意"的祝福，但再乐观的人，也不会把它当真。怎么可能万事顺遂如人意呢？

人生难免遇到挫折和失败、失意，这很正常。但不正常的是，很多人不能从过去的阴影中走出来，甚至对自己形成了一种错误的认知。这种认知影响了你的能力发挥，是你实现成功人生的绊脚石。

英国劳埃德保险公司曾从拍卖市场买下一艘船。这艘船1894年下水，在大西洋上曾138次遭遇冰山，116次触礁，13次起火，207次被风暴扭断桅杆，然而它从没有沉没过。劳埃德保险公司基于它不可思议的经历及在保费方面带来的可观收益，最后决定把它

从荷兰买回来捐给国家。现在这艘船就停泊在英国萨伦港的国家船舶博物馆里。

不过，使这艘船名扬天下的却是一名来此观光的律师。当时，他刚打输了一场官司，委托人也于不久前自杀了。尽管这不是他的第一次失败辩护，也不是他遇到的第一例自杀事件，然而，每当遇到这样的事情，他总有一种负罪感。他不知该怎样安慰这些在生意场上遭受了不幸的人。

当他在萨伦船舶博物馆看到这艘船时，忽然有一种想法，为什么不让他们来参观参观这艘船呢？于是，他就把这艘船的历史抄下来和这艘船的照片一起挂在他的律师事务所里，每当商界的委托人请他辩护，无论输赢，他都建议他们去看看这艘船。它使我们知道：在大海上航行的船没有不带伤的。

我们活在这个世界上，不可能一点错误都不犯，一点挫折都不遇到。完整的人生就是要由成功和失败组成，无数的失败堆积了最终的成功。

但是我们中有很多人，都对挫折无法释怀、无法面对。这导致他们内心极度失衡，最终还可能酿成惨剧。那些因为失败而一蹶不振的人，是非常可悲的。如果他们换个念头想想，总结自己失败的原因，勇敢面对，并且相信自己不会犯同一个错误，他们就不会放弃自己了。

想要成为成功者，就要比常人经受更多的磨难、更多的挫

折。如果不能用乐观的态度笑对挫折，以豁达的心态对待暂时的成败，如果不能赢得起也输得起，拿得起也放得下，如果不能得意时淡然，失意时坦然，怎么可能成功，或者说，成功地笑到最后？

人生是一个背着"壳"前行的过程。高情商的人总能做到：不管壳有多重，都要像蜗牛那样，视挫折为积累，凭借自己的执着和自强，爬上自己心中的金字塔。

查理·马德经常会给大家讲一个故事：查理祖母的邻居是一位叫约翰·克里西的作家，年轻时勤奋写作，但却遭受到接二连三的沉重打击，共收到七百四十三封退稿信。

面对这样的挫折，约翰却说："虽然我正在承受人们所不敢相信的大量失败的考验，但如果我就此罢休，所有的退稿信都将变得毫无意义。而我一旦获得成功，每封退稿信的价值都将重新计算。"

结果，到他逝世时为止，约翰·克里西一共出版了五百六十四本书，无数的挫折因他的坚持不辍而变成了惊人的成功。

最后，查理说，自己正是看到了约翰的坚持，才会激励自己不断努力，不断提高情商，最终创立属于自己的企业。

人越长大，情商的作用就越明显。成功在很大程度上取决于一个人的心态。一种心态和思想，如果进入心中，就会盘踞在那里疯狂成长。如果进入心中的是一颗消极的种子，就会生长出消极的果

实；如果是一颗积极的种子，就会生长出积极的果实。

高情商的人有积极的心态，遇到困难的时候，他们能积极面对，寻找解决问题的方法，把事情的消极方面压缩到最小限度。他们会把过去当作一个可提供借鉴的信息库，而把未来视为一片快乐、前途无限、引人入胜的乐园。这种积极向上的乐观态度，是拼搏获胜的关键，更是提高抗挫力的催化剂。

· 别让情绪的小船说翻就翻

20世纪60年代早期的美国，有一位很有才华、曾经做过大学校长的人竞选美国中西部某州的议会议员。此人资历很高，又精明能干、博学多识，十分有希望赢得选举的胜利。

但是，有一个谎言却在此时散布开来——3年前，在该州首府举行的一次教育大会中，他跟一位年轻的女教师有那么一点"暧昧"的行为。这其实是一个很小的谎言，而这位候选人却不能控制自己的情绪，他对此感到非常的愤怒，并竭力想为自己辩解澄清。由于按捺不住对这一恶毒谣言的怒火，在以后的每一次集会中，他都要站起来极力澄清事实，证明自己的清白。

其实，大部分选民根本没有听到或过多地注意到这件事，但是，现在人们却越来越相信有那么一回事儿了。公众们振振有词地反问："如果你真是无辜的，为什么要百般为自己狡辩呢？"

如此火上加油，使这位候选人的情绪变得更坏，也更加气急败坏。他声嘶力竭地在各种场合中为自己辩白，谴责谣言的传播者。然而，这却更使人们对谣言信以为真。最悲哀的是，连他的太太也开始转而相信谣言了，夫妻之间的亲密关系消失殆尽。

最后他在选举中败北了，从此一蹶不振。

虽然这位候选人的智商很高，但很明显，他缺乏高情商，他不懂得情商是一种表达和调控情绪的艺术。

那么，情商和情绪的关系是什么呢？无数事例证实：**情商就是一种情绪管理的能力。情商高，代表着情感管理的能力强，人际关系和社会适应能力也比较好。反过来说，情商低，就代表一个人常常会陷入大喜大悲之中，因为忧郁而一事无成，或者脾气暴躁无常，人际关系容易紧张，社会适应能力也较差。**

一个人在生活中难免会遇到种种不如意，有人会因此大动肝火，结果把事情搞得越来越糟；而有的人则能很好地控制住自己的情绪，泰然自若地面对各种不快，因而能够在生活中立于不败之地。

一个人的情绪管理得好，相对来说他的自制力就会强，因而做事的效率和效果大增，成功的概率也跟着提高。

罗伯茨是一家电器公司的老总，他曾有一名爱将叫德维恩。有一次因为德维恩的疏忽，给公司造成了很大损失，罗伯茨派人把他叫到办公室，劈头就是一阵臭骂，一边骂还一边狠命把手里漂亮的金属书签往桌子上敲，被骂的德维恩丧气地准备转身离去，心头萌生了辞职的想法。

这时，罗伯茨却将他叫了回来，说道："等等！刚才我因为太生气了，所以把书签弄弯了，麻烦你帮我弄直好吗？"德维恩虽然觉得奇怪，但仍拿起书签拼命想把它扳直，而他沮丧的心情似乎也慢慢平息。当他把扳直的书签交还罗伯茨时，罗伯茨笑着说："嗯，似乎比原来的还好，你真是不错！"德维恩没有料到罗伯茨会这么说，然而更为精彩的还在后头。

德维恩离开办公室不久，罗伯茨就悄悄致电给德维恩的妻子，他说："今天你先生回去的时候，脸色可能会很难看，希望你好好安慰他。"当德维恩的妻子转达罗伯茨的心意给德维恩知道之后，德维恩内心十分感动，除了设法弥补之前犯下的错误，从此之后也更加努力工作，以报答罗伯茨的一片苦心。

罗伯茨没有让自己的负面情绪直接爆发。他采用了其他的方法转化了怒气，结果让德维恩心服口服。

不但领导者需要管理自己的情绪，普通人也一样。在我们的生活圈里，如果别人对你说了一些刺伤、批评、羞辱你的话，你会怎样？你会火冒三丈，气呼呼地骂回去，还是忍气吞声地强压下来？然后呢？你是否会越想越气，整个情绪都大受影响？常人很难在这种情境下控管好自己的情绪，但是一个有修养的人，他却可以心平气和地面对逆境，处之泰然。

我想向大家强调的是，情绪是可以管理的，正如时间是可以管理的一样，如果我们每一天都过得难过、沮丧、不平、生气以及忧愁，这一辈子就是"黑暗"；可如果我们能调整、管理好自己的情绪，就会有色调明亮而美好的人生。

情商是管理情绪的一种艺术，如果你要快乐幸福地生活，你就要学会了解和管理自己的情绪，这也是提高你情商的方法。

我经常在楼下的报亭买杂志，尽管这位报亭老板的脸一向都很"臭"，但我还是每次都对他客气地说声谢谢。有一次和我同行的朋友看到这情形，便问我："他每天卖东西都是这种态度吗？"我说："是的。"他接着问："那你为什么还对他如此客气？"我说："我为什么要让他决定我的行为呢？"

是啊！**我们为什么要让别人的行为、言语来决定我们的情绪呢？别人要用什么样的态度对待我们，我们无法决定，但是我们可以管理好自己的情绪不为他人所左右。**当然，这得经过一番心性的锤炼，才能达到。让我们从自己内心世界的改变做起，自己的情绪由自己来管理吧！

只是，唯有在了解自我的情况下，才有可能进一步地管理情绪，达到自我激励、发挥创造力等目的。所以，控制情绪、提高情商的基础是，我们对自身有较为清晰的认识与准确的定位。知道自己为什么生气、该不该失控，才能找到调节、控制情绪的方式。

选择适合自己的情绪管理方式很重要。我建议大家可以通过肌肉放松法和深呼吸来调整，也可以通过冥想方式帮助舒缓情绪。幽默也有消除愤怒的功能，可以帮助自己从负面的想法中得到积极的新的想法。

此外，多出去走走与运动，都是调适坏情绪的好方法，能让愤怒随着汗水从身体上流走，重新出发。

除了上面所说的情绪管理办法，当你大发雷霆时，不妨试试下面几招：

① 坐下来，身子往后靠。如果站着跟人吵，会使人更加紧张。

② 用冷水洗脸，可让人冷静下来，降低皮肤的温度，消除一部分怒气，有利于平静下来。

③ 不要钻牛角尖，老往坏处想。"这个人太讨厌了"或"我非得教训他一顿不可"，这样会使你更加愤怒而气上加气、不能自拔。

④ 盛怒之下，不妨跟自己说"我就不信毫无办法处理此事"，这样可以化愤怒为力量，设法找出解决问题的办法。

⑤ 话尽量讲得平缓一些，自己就会变得轻松起来，气随之也会减少。

⑥ 自我按摩肩部或太阳穴10秒钟左右，会有助于减少怒气和肌肉紧张。

⑦ 赶快转变一下思路，想象一些轻松、愉快的情景，例如风

和日丽的天气、山清水秀的风景、鸟语花香中的感受，或闭眼几秒钟，这样就能从矛盾中逐渐解脱，使你激动的情绪慢慢平静下来。

⑧ 自言自语。比如对自己说"我正在冷静"，或者说"一切都会过去的"。

⑨ 采用水疗法。洗个热水盆浴，可能会让你的怒气和焦虑随浴液的泡沫一起消失。

⑩ 你也可以尝试美国心理学家唐纳·艾登的方法：想着不愉快的事，同时把你的指尖放在眉毛上方的额头上，大拇指按着太阳穴，深吸气。据艾登说，这样做只要几分钟，血液就会重回大脑，你就能更冷静地思考了。

· 你的心情也需要定期"断舍离"

心灵的房间，不打扫就会落满灰尘。蒙尘的心，会变得灰色和迷茫。

我们每天都要经历很多事情，开心的、不开心的，都在心里安家落户。心里的事情一多，就会变得杂乱无序，然后心也跟着乱起来。所以，不仅是房间需要清理，我们的心灵也一样，需要及时清理掉负面的情绪，赶走坏心情，轻松前进。

有些痛苦的情绪和不愉快的记忆，如果充斥在心里，就会使人萎靡不振。扫地除尘，能够使黯然的心变得亮堂；把事情理清楚，才能告别烦乱；把一些无谓的痛苦扔掉，快乐就有了更多更大的空间。

自由轻松的心情——这就是瑞士手表历经近500年无对手的制胜法宝，也是瑞士手表奠基人塔·布克理念创造的奇迹。

当年塔·布克被捕入狱，被安排制作钟表，但是不管如何努力，就是造不出误差低于1／100秒的钟表，而以前却能做到。起初，塔·布克把它归结为制造的环境，后来，当他越狱逃往瑞士日内瓦后，才发现真正影响钟表准确度的不是环境，而是制作钟表时的心情。

他说，一个钟表匠在不满和怨愤中，要想圆满地完成制作钟表的1200道工序，是不可能的；在对抗和憎恨中，要精确地磨锉出一块钟表所需要的254个零件，更是比登天还难。

这就是塔·布克充满智慧的结论。

想想我们身边的每一个人，又何尝不是如此？当一个人心情愉快地工作时，他是那么富有创造力；而心情沮丧时，你要想成就一番事业，可能性几乎为零。

有许多人，因为存有一点虚幻的梦想，就处于极度的兴奋状态中，可是一旦出现一点"不如意"，就开始怨天尤人，甚至破罐子破摔。这样的状态，岂能成就大事业、大成就？

如同身体的新陈代谢一样，我们的心灵也需要周期性的净化，排除累积的"废物"，补充新鲜的养分，否则就会失去活力和弹性。

世界上本没有完美的人格，每个人都有自己的优势和劣势。唯有高情商的人，懂得恰当运用心灵能量，才能保持身心健康，并且持续地成长。

那么，当坏心情不期而遇怎么办？应该怎样做才能赶走坏心情呢？我来教你几招"自救"法。

① 每周两顿海鲜。海产品富含 ω–3 脂肪酸，跟抗抑郁药的疗效几乎相同。

② 喷点香水。通过鼻孔，你可以打开心情频道的开关。比如，在充满橙子和薰衣草味道的候诊室里，牙医办公室用钻头钻牙的声音将不那么可怕。

③ 设定一个容易达成的目标。设立目标让人觉得自己有能力和掌控感，而实现目标带来的成就感更能让人自信满满。但目标要合理具体，并能通过多种途径实现。比如，你的目标是在健身房每周练三次拳击，而不是含糊地减肥10斤。如果错过了一次锻炼，晚餐就不要摄入淀粉。

④ 喝杯全脂牛奶。牛奶富含人体产生血清素所需的色氨酸，而血清素是天然的抗抑郁剂，有助于放松身体、改善情绪。

⑤ 每周5次"半小时锻炼"。与久坐者相比，经常跑步者压力更小，生活不公感更少。

⑥ 打个盹。睡眠障碍者的抑郁指数是睡眠良好者的5倍。

⑦ 翻阅旧照片。回忆往事可以提高自我关注程度，扩大社交网络。

不过，在现实生活中，**我们不仅要靠赶走坏心情来换取好心**

情，更需要我们自己有一双发现快乐的眼睛，给我们制造好心情。
其实，我们的生活未曾缺少快乐，我们只是缺少发现快乐的眼睛
和耐心。生活中的点点滴滴，只要我们深刻去体会，自然会发现
许多值得回味的快乐，把这些快乐累积起来，你会发现幸福就在
身边。

· 人生是一场秀，给自己留一盏灯

有这样一个女孩：她从小就"与众不同"，因为小儿麻痹症，随着年龄的增长，她的忧郁和自卑感越来越重，甚至，她拒绝所有人的靠近。

不过，只有一个人例外，邻居家那个只有一只胳膊的老人成了她的好伙伴。老人是在一场战争中失去一只胳膊的，老人非常乐观。女孩非常喜欢听老人讲故事。

有一天，她被老人用轮椅推着去附近的一所幼儿园，操场上孩子们动听的歌声吸引了他们。当一首歌唱完，老人说："我们为他们鼓掌吧！"她吃惊地看着老人，问道："我的胳膊动不了，你只有一只胳膊，怎么鼓掌啊？"老人对她笑了笑，解开衬衣扣子，露出胸膛，用手掌拍起了胸膛……

那是一个初春，风中还有着几分寒意，但她却突然感觉自己的身体里涌动起一股暖流。老人对她笑了笑，说："只要努力，一只巴掌一样可以拍响。你一样能站起来的！"那天晚上，她让父亲写了一个字条，贴到了墙上，上面是这样的一行字：一只巴掌也能拍响。

从此之后，她开始配合医生做运动。甚至在父母不在时，她自己扔开支架，试着走路。经过坚持不懈的漫长努力后，她终于在11岁时扔掉了支架，可以独立行走。

然后，她又向另一个更高的目标努力，她开始锻炼打篮球、进行田径运动。1960年罗马奥运会女子100米决赛，当她以11秒18第一个撞线后，掌声雷动，人们都站起来为她喝彩，齐声欢呼着这个美国黑人的名字：威尔玛·鲁道夫。那一届奥运会上，威尔玛·鲁道夫成为当时世界上跑得最快的女人，她共摘取了3枚金牌，成为第一位黑人奥运女子百米冠军。

威尔玛·鲁道夫就是一个不放弃希望的人，**正是希望之光，带领和支撑着她不断奋斗，最终取得成功。**

关于希望，电影《肖申克的救赎》中有过经典的描述。正是因为没有失去希望，安迪才能够在近乎绝望的情境下，用19年的时间为自己挖出一条逃生之路，实现自己在太平洋上自由泛舟的梦想。我们中的大多数人，都不会面临比安迪更糟的情形，然而你能像他一样，对希望抱着近乎虔诚的坚持吗？

那么，希望到底是什么呢？

希望是在被厄运缠绕的时候，不暴躁发怒等待机会；是在痛苦时，不气馁依然全心投入奋斗；它是在身处黑暗的时候，你心中的那一盏不灭的光明之灯。

在这个世界上，希望是我们最强有力的支撑，只要我们有希望、有信念，那么不管遇到什么样的事情，我们都有足够的力量和勇气去奋斗。

一个情商足够高的人，能够在无边黑暗中看见光的方向，看见与众不同的人生风景，开朗豁达地度过困境。

1930年，可能是美国历史上经济最恶劣的时代。到处可见工厂倒闭、公司破产，成千上万的人失业，各行各业都一再减薪，免费餐馆和发放面包的地方排起了长龙。皮尔就是在这样一个秋天的下午，在没落的第五大街见到老朋友弗雷德的。

"过得还好吗？"皮尔试探着问。弗雷德穿着深蓝色的西装，老式西装磨出了一层油光，谁都能一眼看出那套西装穿了有多久，他说话的口吻和过去一模一样，一点儿也没有改变。"没有问题，我过得很好，请不用担心。失业很久当然是事实，只不过每天早晨都到城里各处找工作。这么大一个城市一定有适合我的工作，只要耐心寻找，一定会找到的。"他说。

"你总是这样笑嘻嘻的吗？"皮尔问他。他回答说："这不是很合理吗？我记得在哪里读过，绷起脸来时要用60条肌肉，但笑的时候只用14条肌肉。我不想绷起脸，过度使用肌肉。"这个时候，弗雷德向好友谈起了自己的人生观和信仰，他相信自己一定能够获得工作，所以始终怀着希望和信念。

后来，弗雷德和一个具有发明才能的人共同创业，在新的领域中，弗雷德充满创意的构想获得了成功。在此之前他忍受了许多苦难，过着贫穷的生活，但他始终充满希望，终于获得极大的成就。他积极的生活态度，使认识他的人都对他充满敬佩。

其实，失败和挫折是常事，能够扛下来的人不是有多大的本事，而是他心中有着美好的希望，这种希望给了他信念和力量，让他看到了美好的未来，鼓舞他向前一直走，而不是活在过去的痛苦中。生活对于每个人都是一样的，希望那扇窗从来就没有关闭。如果你愿意，它会随时随地向你敞开。

· 不可改变的事实，不要再傻傻地纠结了

尼泊尔有一句有名的祈祷词："**上帝，请赐给我们胸襟和雅量，让我们平心静气地去接受不可改变的事情；请赐给我们力量去改变可以改变的事情；请赐给我们智能，去区分什么是可以改变的，什么是不可以改变的。**"

1814年，法国大将军陶梅尼在前线打仗时，被敌军的炮弹炸断一条腿。他出院返回部队后，帮他擦皮鞋的勤务兵，看到将军断了一条腿，吓得哭了起来！

"你哭什么？"陶梅尼将军笑着说，"以后你只要擦一只皮鞋就够了！这不是很好吗？"

喜爱人生的人绝不是失败者！

还有一位叫波尔赫德的话剧演员，她的戏剧舞台生涯达五十多年，她表演的戏剧风靡全球。当她71岁时，突然破产了。更糟糕的是，她在乘船横渡大西洋时，不小心摔了一跤，腿部伤势严重，引起了静脉炎。医生认为必须截肢，但他不敢把这个决定告诉波尔赫德，怕她忍受不了这个打击。可是他错了。波尔赫德注视着这位医生，平静地说："既然没有别的办法，那就选择接受吧。"

手术那天，她高声朗诵戏里的一段台词。有人问她是否在安慰自己。她回答："不，我是在安慰医生和护士。他们太辛苦了。"后来，波尔赫德继续在世界各地演出，又重新在舞台上工作了七年。当人们惊诧地问她其中的秘诀时，她笑着说："**我养成了一种习惯，接受不可改变的事实就行了。**"

看看他们，我们凭什么一有挫折便怨天尤人，跟自己过不去呢？打牌时，拿到什么牌不重要，如何把手中的牌打好才是最重要的。

其实对于每个人来说，在生活中都应该习惯因势利导，因为你的生活并不一定是一帆风顺的，在面对挫折时，你要是能这么想，就不会被它吓倒了。

"不要为打翻的牛奶而哭泣。"这句话很普通，可它却包含着无穷的智慧，这是人类经验的结晶。

莎士比亚说："聪明的人永远不会坐在那里为他们的损失而悲伤，却会很高兴地去找出办法来弥补他们的创伤。"

聪明的你会怎么选择呢？

· 每个人都是不完美的，这样挺好

每次看到《蒙娜丽莎的微笑》《向日葵》这些不朽的艺术作品时，我们都会想用"完美"来描述它们。**那种无与伦比的美好，让我们无限向往，让艺术家不顾一切去追求。然而，所有伟大的艺术家都在不断追求完美，可艺术却是永远不可能完美的。这与艺术家的技艺无关，而是一个残酷的现实。**可能也正因为这样，在艺术家身上才会出现很多悲剧。

比如凡·高，他毫无疑问是个追求完美的人，不仅仅对艺术，对朋友也同样如此。因此，当他的朋友高更说自己喜欢红色而不是凡·高本人喜欢的黄色时，他居然把朋友赶出房子，因为这不是他心中完美的友谊。

他在追求艺术完美中燃烧自己的生命，这是所有能够看到他的画作的我们的幸运，却是画家本人的不幸。我们都知道，除了画画之外，凡·高一无所有。

如果你想成为凡·高这样为后世铭记的艺术家，那么请忽略我下面的话。假如不是，那么你应该会认同，我们应该快乐地度过自己的一生，然后才是尽可能创造出生命的更大价值。那么，为了让我们的生活中少一些不满和冲突，为了与身边人、与自己的内心建立和谐美好的关系，我们有必要重新审视完美的意义。

很多人会认为，完美是一种人生态度，是一种崇高的理想和追求。我问过很多人："你们认为自己完美吗？"几乎所有人都认为自己不完美，但也并不为此感到遗憾。

为什么呢？他们的理由大致可以归纳如下：完美是一种极限状态，它本身和纯粹的黑白一样并非可以真的到达；为什么要追求完美呢？我只要做最好的自己不就可以了吗；我会关注细节不出纰漏，但不会过分关注完美以至于让自己陷入琐碎的具体事务，并且耽误了其他更多有价值有意义的事情……

基本上，他们的观点概括出了我们无须追求完美的主要原因。**也许你会认为"好——更好——最好——完美"是一个不断递进的过程，我们也应该按照这一顺序严格要求自己。但事实上，伏尔泰却告诉我们："'完美'是'美好'的敌人。"而丘吉尔则说："完美主义让人瘫痪。"事情与我们想象的正好相反，追求完美，恰恰**

是一个坏习惯，是阻碍我们幸福的障碍。

在哈佛大学公开课中，讲述"幸福课"的、极受欢迎的泰勒博士发现，绝大多数人追求的生活不仅是要幸福的，而且是要完美的——而这正是大多数人不幸福的原因。**心理学上把完美主义分为"积极完美主义"和"消极完美主义"，而泰勒博士把"消极完美主义"直接称为"完美主义"，而将"积极完美主义"称为"最优主义"。我们需要做的是遵循"最优主义"，而不是"完美主义。"** 它们有什么区别呢？我们来看两个故事。

牛津大学的明星学生阿拉斯戴尔·克莱尔以优异的成绩毕业后，留任牛津并且成了著名学者，他出版了自己的诗集、小说、唱片，赢得了无数奖项和奖金。他还亲自编剧、导演、制片、发行了电视剧《龙的心》。这一作品赢得了艾美奖，但克莱尔没有前往颁奖现场。因为片子完成没多久，48岁的克莱尔就卧轨自杀了。关于他的死因，妻子说，是因为他这一生从来都不认为自己做得足够好，他从来都看不到自己的成就，始终认为自己做得不完美，一直都在否定自己，终于彻底否定了自己的生命。

而另一个故事是关于林肯总统的。他在51岁成功当选美国总统之前，人生失败得一塌糊涂，不断失业、经商失败、因压力太大精神崩溃过、竞选议员名落孙山、不断参选不断失败。假如他在50岁时离开世界，一定可以作为失败人生的典型。但他没有，而是在失败的痛苦中不断成长，终于成了美国历史上最有影响力的总统之一。

对比这两个人我们可以发现，假如我们想拥有一个完美的人生，那么必然会遭遇失望，因为这是不可能完成的任务。而且极端的完美主义者迟早会厌世，因为在他们看来所有的成就都不值一提，他们不会喜欢自己、无法享受有所成就时的喜悦。因此，尽管在外人看来他们已经做得非常棒了，他们自己却并不幸福。

而那些像林肯一样的"最优主义"者，则会把人生看作一条曲线，他们有很强的适应能力、宽容度，能够接受不完美的现实和不完美的自己，所以会把经历的挫折与失败看作自我成长的动力。因此，他们会享受不完美的人生过程中的一切美好，他们会拥有幸福。

你呢？你想做"完美主义者"还是"最优主义者"？假如你希望拥有快乐幸福的一生，从现在开始，就试着摒弃"要么全有，要么全无"的极端思维吧，在不那么完美的中间地带，自如地享受过程中的每一刻美好。

第七章

这十年，你要掌控自己的
时间和效率

·你浪费不起的，其实不是钱

二十多岁的你，通常情况下，正处于"有时间没钱"的年纪，你认为自己有的是大把大把的时间，所以对于虚度时光毫无愧意。但是金钱就不一样了，囊中羞涩的你，可能会为了节省几块甚至几毛钱而花上一个上午的时间反复比价。

事实上，金钱和时间哪一个更珍贵，你心里不是不明白。只是年轻的你，往往忘了这个道理。你轻贱自己今天的时间，那么余生必将在时间和金钱的双重匮乏下悔恨交加。

没错，对于年轻的你来说，金钱看起来是比时间宝贵多了，但你并不是只活在当下，你未来的路还很长。将来的生活质量和人生境界，都取决于你当下如何运用时间。

哈佛大学图书馆上写着这样一行字：此刻打盹，你将做梦；而此刻学习，你将圆梦。人的一生是有限的，如果能科学地安排时间，有效地利用时间，你的人生可能从此改变。

八月里的一个下午，在莱克星顿的一个小农场里，西奥多·帕克怯生生地问他的父亲："爸爸，明天我可以休息一天吗？"西奥多的父亲是一位老实巴交的木匠，他制作的水车远近闻名。他惊讶地看了一眼最小的儿子，这可是活儿最忙的时候啊，小伙子少干一天，就可能影响他整个的工作计划。但是，西奥多企盼而坚决的目光让他不忍拒绝，要知道，西奥多平时可不是这样的。于是，他爽快地答应了这个要求。

第二天一早，西奥多早早地就起来了，赶了十英里崎岖泥泞的山路，匆匆来到哈佛大学，参加一年一度的新生入学考试。

其实，从八岁那年起，他就没有真正上过学，只有在冬天比较清闲的时候，才能挤出三个月的时间认真地学习。而在其他的时间里，无论是耕田还是干别的农活，他都一遍一遍地默默背诵以前学过的课文，直到滚瓜烂熟为止。休息的时候，他还到处借阅书籍，因此汲取了大量的知识。

有一次，他急需一本拉丁词典，但无论怎样想方设法也没有借到手。于是，在一个夏天的早晨，他早早跑到原野里，采摘了一大筐浆果，背到波士顿去卖，用所得的钱换回了一本拉丁词典……

所谓功夫不负有心人，在哈佛大学的入学考试中，他得心应手地做完了试题。监考老师惊奇地看着这个第一个交卷的考生，当他听说这是一名连学校都很少去的穷少年时，更加好奇地抽出他的试卷来察看，然后他对西奥多说："祝贺你，小伙子，你很快会接到录取通知的。"

那天深夜，西奥多拖着疲惫的身体回到了家里，父亲还在院子里等他回家。"好样的，孩子！"当父亲听到他通过考试的消息时，高兴地赞扬道，"但是，西奥多，我没有钱供你去哈佛读书啊！"西奥多说："没有关系，爸爸，我不会住到学校里去，我只在家里抽空自学，只要通过了考试，就可以获得学位证书。"后来，他真的成功地做到了这一点。

对我们所有人来说，时间都是最不能浪费的，因为它意味着金钱、爱情、名望……它意味着所有的美好，所有的可能。

而你所能把握的，也只有今天。与其整天生活在美好的想象中，不如把那种美好带回到现实中来。但这一切，都需要时间来实现。

于是在追忆往事的时候，很多人会说一句话："要是当初我有时间……"说这种话的人，任何时候都不会有时间。反之，如果你懂得珍惜和寻找，任何时候你都有时间。

20世纪初，在数学界有这样一道难题，那就是2的76次方减1的结果是不是人们所猜想的质数。很多数学家都在努力地攻克这一数学难题，但结果并不理想。1903年，在纽约的数学学会上，一位叫科尔的科学家通过进行令人信服的运算论证，成功地攻克了这道难题。

人们在惊诧和赞许之余，问科尔道："您论证这个课题一共花了多少时间？"科尔回答："三年内的全部星期天。"

要知道，这些看起来微不足道的时间可以成全你的想法，也可能毁了你的计划甚至理想。而有所成就的人，都是会科学安排时间的人。

所以，如果你渴望成功，如果你不甘平庸，那就及早从梦中醒来吧。二十多岁的你，如果能科学安排时间，抓紧时间学习，并深刻地意识到流连于梦境对你没有任何益处，而及时地醒来捧起书本，你必将成就自己的人生。

· 今天的效率，决定了明天的成就

　　有人曾半开玩笑地说，假如给我一千年的寿命，我也一定能获得比尔·盖茨或者巴菲特的成就。我相信这是真的，但可惜，目前来看，我们谁也不会拥有千年的寿命。

　　不过，虽然理论上在某个相同时期内，我们每个人都拥有相等的时间，但倘若你能提高自己做事的效率，也就意味着可以比别人完成更多事情，也就相当于拥有了更多时间。当我们拥有了比别人更多的时间，也就意味着拥有了在竞争中胜出的巨大优势。

　　那么，怎样才能提高自己的效率呢?

　　这个问题的答案因人而异。我相信你们都追逐个性，而且每个人都有自己偏爱的做事方法，这些方法本身没有对错之分，但在效率上可能是有差别的。至于具体表现在哪些方面，你似乎只能问自己。

根据我多年来的观察，我们在效率方面，往往会掉入下面三个陷阱：

（1）**瞎忙**。没有明确的目标，不知道自己到底想要什么，应该做什么，白白浪费很多力气。

（2）**乱忙**。做事情找不到重点，不会科学安排和统筹，于是屡屡在忙碌中陷入疲惫和失望。

（3）**白忙**。如果客观条件没有发生变化，同一种方法尝试三次之后依然无效，就应该考虑更换思路和方法了。倘若依然锲而不舍地尝试，很多时候，都只是浪费时间而已。

我身边有太多人，习惯了忙碌，却忘了一件最重要的事——对工作进行价值判断。有时候，你投入了大量时间和精力，最后才发现那是所谓的"垃圾工作"。结果，你不仅耗费了精力，更错失了这些时间原本可以给你带来的收获。

还有更多人，则是做事方法有问题，他们没有意识到自己尚需改进的执行能力已经给自己带来了很多麻烦，就像马丁一样。

从商学院毕业后，安东尼来到一家金融投资公司工作，还不满两年，他就升任为部门经理。和他一起进入公司的，还有另一位名叫马丁的年轻人，他的机遇就迥然不同了，非但没有升职，还经常因为不能按时完成工作而遭到批评。

有一次，当安东尼也指责马丁工作不力时，马丁愤愤不平地抱怨："我认为这不是我的错。你哪里知道我的工作任务都多重？往往你下班时，我都还在加班。我负责的这部分工作太繁重了，每天一到公司就埋头苦干，经常忙得焦头烂额，连水都忘了喝。我不但经常主动加班，甚至回到家、躺在床上都还想着工作的事。你说我工作不力，可是每天都有那么多文件要看，我怎么可能及时看完并且妥善处理呢？"

听完他的抱怨，安东尼说："这样吧，请你抽出十分钟宝贵的工作时间，了解我的工作情形。"于是，安东尼不再理会马丁，让他在自己的办公室安静观察。马丁看到，安东尼仔细阅读了手头的一份文件，眉头蹙起考虑了一下，然后带着果决的表情签署了文件。有电话打进来，他没有过多的寒暄，直截了当地给出了工作指示。秘书进来送文件让他过目，他会把手头上的那份看完之后，才接过新的文件，并且迅速给出建议。

马丁开始拿观察到的这些和自己的工作方式进行对比，他发现，自己和安东尼最大的区别在于，安东尼会迅速把手头的事情解决掉，不会让自己的办公桌上堆积如山。而自己虽然也始终在忙碌，可是看文件的速度不够快，而且做决定花的时间太长。还经常会重复劳动，做一些无用功。比如，接手一项新任务时，不管它是否紧急，也不管自己原本的工作是否进行到一半，总是喜欢先去看

看新任务，然后再重新花时间继续原来的工作……反省完之后，马丁对安东尼说："谢谢你教给我这些，我想以后不会抱怨自己工作太多太忙了。"

除了这个故事所揭示的，我还有一些关于提高效率的方法，在这里我拿出来跟大家一起分享：

每天睡前，你可以列出自己第二天需要做的事项，然后按照重要程度给它们排序。第二天开始的时候，按照优先级别开始做事，并且不要被干扰，等一件事情做完再开始着手第二件。只要你确保正在做的事情是这一天中最重要的，就不要担心它花费你太多时间。

每天至少给自己半小时的时间安静地思考。最好在早晨刚起床的时候留给自己半个小时到一个小时的时间来思考，这部分时间绝对不是浪费，你可以不受干扰地梳理、反思、总结自己当天的工作内容，或者脑海中闪现出的小火花，坚持下去必然会有收获。

尽量在一开始就认真地把事情做好，这样你才不需要重复劳动，耗费不必要的时间。

严格控制打电话的时间。如果你把很多时间花在和同学、朋友煲电话粥上，很快你就会发现自己没有足够的时间处理自己的事情，更不要提为未来进行积累了。

把同一类的事情放在一起做。我们都知道，流水作业的确可以提高效率，所以当你重复去做同一件事情，就会熟能生巧，效率也一定会随之得到提高。

　　每天结束的时候，详细记录下当天都做了哪些事情，每件事情花了多少时间。一段时间之后总结出自己浪费时间的根源，以及改进的空间。

· 觉得人生漫长？那就做这个游戏吧

我知道很多年轻人都会说，我这么年轻，有的是时间。的确，这么说没错，**时间是最宝贵的财富。可问题在于，拥有这笔财富的年轻人往往无法看到它的价值**。而且，总是这么想是很危险的，你会在不知不觉中浪费掉太多的时间。很快你就会发现，时间怎么过得这么快，自己怎么连时间也没有了，真的变得一无所有。

假如你真的认为年轻的自己有的是时间，那么我们来做一个游戏：

请准备一张长条纸，毫无疑问，你的生命在0~100岁之间，所以用笔把长纸条划分成10等份（刚好每等份代表生命中的10年，按顺序分别写上10、20、30等，最左边和最右边分别写上"生"

字和"死"字）。

然后，写出你现在的年龄。根据现在的年龄，把已经过去的时间撕掉。注意，是一点点撕碎。

接下来，想想你愿意活到多少岁，当然，在这个游戏中，我们设定的最大年龄是100岁。不过假如你不愿意活太久或者认为自己不可能活到100岁，就在纸条上把自己想要活到的年龄之后的部分撕碎。

然后，你愿意在多少岁的时候能够退休？请把退休年龄之后的纸条撕下来，但不必撕碎。这时候，你可以看到自己的工作时间大约有多长。

在你的工作时间内，你打算怎样分配每一天的24个小时？通常睡觉要占据1/3。吃饭、聊天、娱乐、休息、看电视等又占去1/3。真正可以用来工作产生效益的时间就只剩下大约8小时，也就是一天的1/3。所以，把手中的纸条再撕掉2/3。

现在，你可以一只手拿起剩下的1/3那段纸条，再用另一只手拿起刚刚撕掉的2/3以及退休之后的那一段纸条，对比一下两者的长度差别。你要告诉自己：我需要用这只手上1/3的时间积累的财富来为另一只手上2/3的时间吃喝玩乐以及退休后的生活提供保障。

最后，你可以算算，自己需要赚到多少钱才能养活自己。而且，这还只是关于你自己，你的父母、子女、配偶呢？算上他们，你需要在那1/3的工作时间内积累多少财富？

做完这个游戏的时候，我感觉到了震撼人心的力量。你呢？现在，你还认为自己足够年轻可以肆无忌惮地浪费时间吗？

　　著名心理学家加利·巴福博士曾经说过："**再也没有比即将失去更能激励我们珍惜现有的生活了。一旦觉察到我们的时间有限，就不再会愿意过'原来'的那种日子，而想活出真正的自己。这就意味着我们转向了曾经梦想的目标，修复或是结束一种关系，将一种新的意义带入我们的生活**。"做完这个游戏，你会这样做吗？

　　灿烂的未来是需要我们拿出时间和努力来交换，倘若你把大把美好的时光用来玩乐，当你意识到问题的严重性时，已经太晚了。

　　成功学家拿破仑·希尔曾经说过："天下最悲哀的一句话就是，我当时真应该那么做却没有那么做。"年轻的你们，可能会听到很多人说"如果我当初怎样，现在早就怎样了"，谁都知道这样的话是完全没有意义的。

　　你一定很清楚，种下什么种子，就会收获什么果实。我们今天的处境，是昨天行为的结果。同样，我们的明天在哪里，取决于今天你做了些什么。

　　也许你会说，我没有刻意浪费时间啊。是的，你没有刻意，只是在无意识地浪费时间：你走了一条要多花十分钟的远路；你停下脚步观看街边的行人吵闹；你花大量时间跟同学、朋友闲聊明星八卦；你接听了一通又一通完全没必要接听的电话；你因为不好意思走开而花上半天的时间听别人抱怨……时间就这样被你不知不觉地浪费掉了。

也许你会说，人生并不一定在年轻时就被决定了。我可以等到三四十岁，心智和人生经验都成熟的时候再去创建事业。

的确，没有人能否认这种可能性。但一般来说，三四十岁正是你人生最脆弱的时候，若无意外，你已经有了家庭，需要养家糊口，而你的体力和精力却都在走下坡路。这时候，你已经不可能像现在这样毫无牵挂地奋力拼搏了。这也就是为什么年轻的时光尤其不可浪费，因为**把这一生最重要的难题放在人生体力和精力最好的时候解决比较好**。

想要拥有一个没有遗憾、没有后悔的人生，想要拥有一个精彩的人生，我们必须要在有限的时间里，给生命赋予更多价值和色彩。对未来有怎样的期许，你就需要在今天付出相应的努力。而你今天所受的苦全都不会白费，这一切终将累积起来，引领你走向成功的未来。

· 送你一个提高效率的诀窍

同一件事情，让不同的人去做，有的人能在很短的时间内，用很简单的方法就完成任务；有的人则借助各种工具，借鉴各种资料，用了很长的时间但还没有解决问题。

这是为什么呢？其中最关键的因素就是两者的思维方式不同，前者遇事喜欢简单化，喜欢用最简单、最快捷的方式去解决问题；而后者则拘泥于形式，以为复杂就是完美，就是智慧。其实不然，只有将复杂的工作简单化，学会砍掉与本质无关的工作，抓住问题的根本，用最简单的方式对问题进行表述，这才是成功人士应该具备的工作技能。

世界是丰富复杂的，处理问题的方式就像掌心的纹，但不外

乎有两种：一种是把复杂事情"简单化"，另一种则是把简单事情"复杂化"。

老子说："天下大事，必做于易；天下难事，必做于细。"当我们能够把复杂的问题从简单的角度看清楚，这实际上就反映了一种思维的深度和高度。简单的问题用简单的方法来解决是一般人的水平，复杂的问题用简单的方法来解决是智者的水平。

所以，这个提高效率的重要诀窍就是：**把复杂的事情简单做，简单的事情认真做。**

某大学的一个研究室里，研究人员需要弄清一台机器的内部结构。这台机器里有一个由100根弯管组成的密封部分。要弄清内部结构，就必须弄清其中每一根弯管各自的入口与出口，但是当时没有任何相关的图纸资料可以查阅。显然这是一件非常困难和麻烦的事。大家想尽办法，甚至动用某些仪器探测机器的结构，但效果都不理想。后来，一位在学校工作的老花匠，提出了一个简单的方法，很快就将问题解决了。

老花匠所用的工具，只是两支粉笔和几支香烟。他的具体做法是：点燃香烟，吸上一口，然后对着一根管子往里喷。喷的时候，用粉笔在这根管子的入口处写上"1"。这时，让另一个人站在管子的另一头，见烟从哪一根管子冒出来，便立即也用粉笔写上"1"。照此方法，不到两个小时便把100根弯管的入口和出口全都弄清了。

你瞧，有的问题看似复杂，但是解决的方法却简单到令人瞠目结舌，而这些方法也巧妙得令人难以置信。如此简单易行的方法，却并不是我们拘泥于难题中所能想到的，而是需要我们跳出思维的惯性，用一种新的和独到的方式思考，才会有令人惊喜的发现。

生活中遇到问题时，有些人错误地认为，想得越多就越深刻，想得越多就越能显示出自己的才华，做得越多就越有收获。然而我却觉得，凡事应该探究"有没有更简单的解决之道"。在着手开始前，先动脑，想想这件事情能不能用更简单的方法去做，而不是急急忙忙去动手，以致白白忙碌了半天，却解决不了任何问题。

美国独立之前，人们推举富兰克林和杰弗逊起草《独立宣言》，由杰弗逊执笔。杰弗逊文采过人，最不喜欢别人对自己的东西品头论足。

杰弗逊将文件交给委员会审查时，在会议室中等了好久都没回音，于是非常急躁。这时富兰克林给他讲了个故事：一个决定开帽子店的青年设计了一块招牌，写着"约翰帽店，制作和现金出售各种礼帽"，然后请朋友提意见。

第一个朋友说，"帽店"与"出售各种礼帽"意思重复，可以删去；第二位和第三位说，"制作"和"现金"可以省去；第四位则建议将约翰之外的字都划掉。

青年听取了第四位朋友的建议，只留下"约翰"两个字，并在字下画了顶新颖的礼帽。帽店开张后，大家都夸招牌新颖。

听了这个故事，杰弗逊很快就平静下来了。后来公布的《独立宣言》，的确是字字珠玑，成为享誉世界的传世之作。

可见，"多"不一定就是好。很多时候，"多"是累赘，"多"是画蛇添足，"多"只会使你更忙，更没有章法。因此，**凡事"合适"即可，不要盲目求多、贪多，否则事情就有可能搞成一团乱麻。**

在生活中，我们也应该学会把复杂的事情简单化，这样在更好地解决问题的同时，又大大地提高了办事效率，何乐而不为呢？

· 这样使用时间，你就会保持领先

大发明家、科学家本杰明·富兰克林曾经接到一个青年的求教电话，并与那个向往成功、渴望指点的青年人约好了见面的时间和地点。

当那个青年如约而至时，本杰明的房门大敞着，而眼前的房间里却乱七八糟、一片狼藉，令青年人颇感意外。

没等青年开口，本杰明就招呼道："你看我这房间，太不整洁了，请你在门外等候一分钟，我收拾一下，你再进来吧。"然后本杰明就轻轻地关上了房门。

不到一分钟的时间，本杰明就又打开了房门，热情地把青年让进客厅。这时，青年的眼前展现出另一番景象——房间内的一切已变得井然有序，而且有两杯倒好的红酒，在淡淡的香水气息里漾着微波。

青年在诧异中，还没有把满腹的有关人生和事业的疑难问题向本杰明讲出来，本杰明就非常客气地说道："干杯！你可以走了。"

手持酒杯的青年人一下子愣住了，带着一丝尴尬和遗憾说："我还没向您请教呢……"

"这些……难道还不够吗？"本杰明一边微微笑着一边扫视着自己的房间说，"你进来又有一分钟了。"

"一分钟……"青年人若有所思地说，"我懂了，您让我明白一分钟的时间可以做许多事情、可以改变许多事情的深刻道理。"

正如小额投资足以致富一样，零碎时间的掌握也足以叫人成功。

所谓零碎时间，是指不构成连续的时间或一个事务与另一事务衔接时的空余时间。这样的时间往往被人们毫不在乎地忽略过去。

零碎时间虽短，但倘若一日、一月、一年地不断积累起来，其总和将是相当可观的。凡是在事业上有所成就的人，几乎都是能有效地利用零碎时间的人。

爱因斯坦在组织享有盛名的奥林比亚科学院时，每晚例会，他总是愿意和与会者手捧茶杯，开怀畅饮，边饮茶，边谈话。爱因斯坦就是利用这种闲暇时间，来与大家交流思想，把这些看似平常的時間利用起来。

　　他后来的某些思想和很多科学创见，在很大程度上都源于这种饮茶之余的种种交流。如今，茶杯和茶壶早已成为英国剑桥大学的一项"独特陈设"，以纪念爱因斯坦利用闲暇时间的创举。

　　美国近代诗人、小说家和出色的钢琴家艾里斯顿，利用零碎时间的方法和体会也颇值得借鉴。他写道：

　　其时我大约只有14岁，年幼疏忽，对于爱德华先生那天告诉我的一个真理，未加注意，但后来回想起来真是至理名言，从那以后我就得到了不可限量的益处。

　　爱德华是我的钢琴教师。有一天，他给我教课的时候，忽然问我每天要花多少时间练琴，我说大约每天三四个小时。

　　"你每次练习，时间都很长吗？是不是有个把钟头的时间？"

　　"我想这样才好。"

　　"不，不要这样！"他说，"你将来长大以后，每天不会有长时间的空闲。你可以养成习惯，一有空闲就几分钟几分钟地练习。比如在你上学以前，或在午饭以后，或在工作的休息余闲，五分钟、五分钟地去练习。把小的练习时间分散在一天里面。如此弹钢琴就成了你日常生活中的一部分了。"

　　当我在哥伦比亚大学教书的时候，我想兼职从事创作。可是上课、看卷子、开会等事情把我白天、晚上的时间完全占满了。差不多有两个年头我一直不曾动笔，我的借口是没有时间。后来我才想起了爱德华先生告诉我的话。到了下一个星期，我就把他的话实践起来。只要有五分钟左右的空闲时间我就坐下来写作一百字或短短的几行。

出乎意料，在那个星期的终了，我竟积累了相当多的稿子可供我做修改。后来我用同样积少成多的方法，创作长篇小说。我的教授工作虽一天比一天繁重，但是每天仍有许多可资利用的短短余闲。我同时还练习钢琴，发现每天小小的间歇时间，足够我从事创作与弹琴两项工作。

在人人喊忙的现代社会里，一个愈忙的人，时间被分割得愈厉害，无形中时间也相对流失更迅速，诸如等车、候机、对方约会迟到、旅程、塞车……其实，这些零散时间都可以被你充分利用，如果你充分利用每一分钟的零散时间，你就有可能获得成功。

在我们的一生中，时间往往不是一小时一小时浪费掉的，而是一分钟一分钟悄悄溜走的。生活中有很多零散的时间是大可利用的，如果你能化零为整，那你的生活和工作将更加轻松。

我们都拥有一定的空余时间，只可惜大多数人都不懂得如何利用这些零散的时间。为了解决这个问题，我们最好每天都为下一天可以预见的空余时间做好准备。

　　比方说，如果提前知道明天约见的那个客户经常要人久等，那你就可以带上一些还没看完的公文或是专业文章，以备万一。

　　时间对于每一个人来说都是公平的，能不能在一样多的时间里创造出比别人更多的价值，关键看你能不能有效地利用你的时间，特别是那些看起来不起眼的零散时间。所以，学会将工作、生活中的零散时间都利用起来，你会发现你将会成为一名时间富翁。

· 杂乱无章的人总陷入被动

      不管你现在是在教室的课桌前坐着，还是在家中的卧室里，请暂时放下手中的书，看看自己身边的环境吧。

      你的桌子上是乱七八糟地堆着书籍、钥匙、便笺纸、书签、水杯、纸巾、照片、纪念品以及各种小玩意吗？需要找某一本书时，你是迅速从书架上把它拿下来，还是在堆得很有艺术感的书堆中翻来翻去，然后在毁掉"半壁江山"后才如获至宝地把它找出来？

      我相信从小到大，你一定接受过"做事情要养成有条不紊和井然有序的习惯"这样的教育，不管是父母还是老师都叮嘱过你，东西要整理得井井有条，做事要统筹安排，按部就班进行。可是，你真的能做到吗？崇尚张扬个性的你，喜欢整理自己的房间和物品吗？

我看到很多很多学生，他们的书包里、书桌上总是杂乱无章地堆满了各种书籍资料，以及与学习无关的物品，比如喝了一半的牛奶、翻得卷了边的旧杂志以及游戏机等。在这样的环境下学习，我不知道你的学习效率是否能够得到保证，也许你依然可以保持高效。**但假如在这样的环境中工作，你就很容易陷入被动。**

在《有效的经理》一书中，史蒂芬·柯维这样说："我赞美彻底和有条理的工作方式。……看看彻底和有条理经理人的工作方式。他桌上的公文已减到最少，因为他知道一次只能处理一件公文。当你问他目前某件事时，他立刻可从公文柜中找出。当你问起某件已完成的事时，他一眨眼就能想到放在何处。当交给他一份备忘录或计划方案时，他会插入适当的卷宗内，或放入某一档案柜。再看看他的手提箱。箱中并不是三天旅行所用的东西，而是归类分明、随时要用的公文。其中也许有小说和文具，但绝不是一个废物箱……"

可以想象得到，在工作场合，你的上司更愿意看到一个办公桌井然有序的员工。史蒂芬还生动地给出了一个反例：

一位经理每天都煞有介事地拎着一个大大的公文箱回家。有一天当他无意中拉开公文箱时，给人看到了里面的内容，包括两根啃过的棒棒糖、一份杂志、一本涂抹得乱七八糟的书，还有一个橡皮擦，以及一大摞没有整理整齐的公文。

这种东西摆放得杂乱无章的人，很难让人产生做事"有条理"的感觉，进而很难产生信任感。

虽然你认为物品摆放是否有条理只是个人习惯问题，虽然你认为自己的物品看似杂乱实际上却是乱中有序，想要找什么东西的时候自己依然能够快速定位，但很遗憾你的上司和同事不会这样想。单凭这一点，上司和同事就很容易得出"他啊，不可靠，还是交给别人吧"这样的结论。

上司会认为，在这样一个乱糟糟的环境中，你一定要花费大量时间找东西，一定会浪费很多时间和精力。所以他会选择不把重任和机会交给你。而同事会认为，这个人东西都摆得乱七八糟，做事也一定没有条理，会不会拖我们后腿呢？所以他们会选择不与你合作。于是，杂乱无章的人就这样看似非常冤枉地陷入了被动。

事实上呢？别人冤枉你了吗？在这种看似随意的环境中，你的心情未必能够放松。也许你是为了不忘记所有要做的事情，因此把所有文件和物品都堆在桌子上以便提醒自己。可是一张便笺纸可以解决的事情，没有必要养成杂乱无章的坏习惯。因为这些东西虽然可以吸引你的注意力、提醒你还有哪些事没做，但同时也会在你应该专注时吸引你的注意力，让你不能专心做事。而且，在绝大多数情况下，东西越堆越多，越堆越高，旧的会被新的掩盖，你并不能实现自己的初衷。

所以，倘若你不想总让自己陷入被动，就试着用条理来取代杂乱吧。花上一两个小时为自己创造一个整洁整齐的环境是值得的。对此，我有一些经验和你分享：

　　① 把你的所有物品分类归置，然后把每一类东西放在指定的位置。

　　② 用透明的塑料文件袋收藏文件，可以一望即知，然后用不同的颜色分类。

　　③ 不要把东西随手丢在桌子上，判断每一件物品是否值得保留。

　　④ 只保留需要的和真正想要的。丢掉那些落满灰尘的物品，你才能享受更多空间。

　　⑤ 丢掉许多年前的杂志吧，你不会再有兴致重新看一遍的。

　　⑥ 把衣柜中再也不会穿的衣服丢掉或送人，把衣服按季节和用途分门别类。

　　⑦ 对电脑里的东西也一样要整理，保持桌面的清爽，保持文件命名的准确与完整，以便可以利用搜索工具迅速找到。

　　诸如此类的方法还有很多，假如愿意，聪明的你一定可以结合自己的日常习惯整理出一个干净清爽的环境。试试看，这一定可以给你带来更愉悦的感受和更出色的效率。

· 如果你是这样的人，你的人生注定成不了大事

假如你曾经因为怕困难而把艰巨任务拖到最后处理；

假如你总是迟迟不能完成任务，或拖泥带水，点灯熬夜开夜车；

假如你遇到棘手或吃力不讨好的事情便频频生病，或遭遇轻微意外；

假如你以泼冷水或者挑刺的手法来拒绝接受某项任务；

假如你怀疑健康有问题，却不肯去检查身体；

假如你不能全心全意投入学习或工作，却以学习、工作乏味掩饰；

假如你新的想法很多，但却从不付诸实践……

那么显然，你是一个有拖延倾向的人。

和桌子杂乱无章一样，你可能觉得，这也是一种个人生活方式，不过是晚一天支付账单、晚两天购买礼物、过一阵子再着手行动而已，有什么大不了的呢？那么，让他来告诉你吧。

有一个印度人，7岁移民到了美国。哈佛大学毕业后去了麻省理工大学教经济学。29岁的时候，因为在行为经济学领域的卓越贡献，他获得了"麦克阿瑟天才奖"的50万美元奖金，再然后，他成为哈佛大学的终身教授。

他就是穆来纳森。在我们看来，刚刚30岁似乎就拥有了一切的穆来纳森，应该对自己处理事务的能力很满意吧？事实却不是这样。这位天才有一个很大的烦恼：总是不得不拖延计划。不是他太懒惰，而是他有太多的研究计划和点子，却因为时间有限、分身乏术，多路并举地去执行任务的效果不理想，以至于总是在最后期限前完不成原定的目标，于是只得让计划一再拖延。

但穆来纳森毕竟不是一个习惯拖延的失败者，针对自己存在的这个问题他进行了思考和研究，然后和普林斯顿大学的心理学家沙菲一起写出了《稀缺：为什么拥有太少后果这么严重？》。书都还没出版，就跻身英国《金融时报》2013年必看的十大经济类图书行列。那么，在这位天才看来，拖延的后果有多严重呢？

穆来纳森发现，**习惯拖延的人和穷人一样，陷入了某种糟糕的**

状态，面临着同样的焦虑。

喜欢拖延的人总是觉得时间不够用，所以自己不得不一再拖延。事实上，假如给他们更多时间，依然是同样的结果。原因是，**他们存在非常严重的时间管理问题，根本不能很好地利用自己的时间资源。而且，由于时间资源对他们看似是稀缺的，那么在追逐稀缺资源的过程中，他们的注意力都放在了追逐本身上，以至于判断力甚至智力都出现了下降。**而这一局面，会导致更糟糕的局面出现，他们会进一步陷入失败。

还有更坏的消息呢，对于一个习惯拖延的人来说，他经常要面临在最后期限之前忙忙碌碌赶工作的状态。这些时间紧急的任务占据了他们全部的注意力，让他们根本没有时间和精力去考虑自己的长远目标和未来发展。于是，他们就陷入了"忙碌、混乱、短视"的泥淖。现在我说这样的人只能原地踏步，你是不是会同意呢？

想想看，喜欢拖延的你，除了拿"没有时间"做借口之外，是不是还喜欢用"没关系，不要紧，这些都不重要"来安慰自己？假如真的这样，那么一个认为凡事都不重要的人，有可能拥有强劲的发展动力吗？

幸运的是，拖延并不是与生俱来的，它是可以改变的。一般来说，喜欢拖延的人都可以从成长过程中寻找原因。比如，假如父母经常让孩子去做他们不喜欢的事情，孩子就会采用拖拉这种方式来消极抵抗。时间长了，拖延就会内化成为他们潜意识的生活习惯。

但不管拖延伴随了你多久，你都必须丢弃它。

只是，在打败拖延之前你首先要认识它，或者说，认识你自己。心理学家把喜欢拖延的人分为三类：

第一类是激进型，这类人由于对自己的能力过于自信，所以总把事情拖到最后一分钟去做。

第二类是逃避型，这类人要么缺乏自信，要么恐惧失败，总之他们十分在意别人的看法，以至于他们宁愿别人认为自己是不够努力才没有完成任务，而非缺乏能力。

第三种是犹豫型，这类人非常害怕做决定，以至于浪费了太多时间在犹豫不决上，于是表现为一拖再拖。

假如你习惯拖延，那么，属于上面哪种类型呢？有位心理学家说：**"对行事拖拉的人进行劝诫就如同让抑郁症患者高兴起来那么困难。"**所以，假如你自己不肯赶走拖延，我讲述再多道理都没用。

假如你真是一个喜欢拖延的人，首先要做的也是最重要的就是，真的发自内心地认识到拖延对你的危害，并且下定决心彻底摆脱它。然后制定具体策略，比如设定最后期限、寻求朋友帮助等，并逐步实施，最终完全抛弃它。

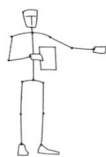

第八章

这十年，你还需要一点点自控力

・人生很短，不要随意放纵自己

　　你一定读过法国作家安东尼·德·圣埃克苏佩里的作品《小王子》吧？还记得下面的这段情节吗？

　　小王子访问的某个星球上住着一个酒鬼。小王子看到他的时候，他正坐在一堆酒瓶前。那些酒瓶有的是空的，有的装着酒。

　　"你在干什么？"小王子问。

　　"我在喝酒。"他看起来很忧郁。

　　"你为什么喝酒？"

　　"为了忘却。"酒鬼说。

　　"忘却什么呢？"小王子有点同情他。

　　"为了忘却我的羞愧。"酒鬼低下头。

"你羞愧什么呢？"小王子追问，他很想帮他。

"我羞愧我喝酒。"说完以后，酒鬼再也不理小王子了。

"这些大人真奇怪。"小王子一边自言自语，一遍迷惑不解地离开了。

是啊，当我们是孩子的时候，也许跟小王子一样，觉得那些大人真是奇怪，明明一喝酒就后悔得要死还是要不停地喝，明明一直为减肥苦恼却还每天都放纵自己大吃冰淇淋和奶酪，明明吵着没时间工作、没时间学习，却还浪费大量时间做一些毫无意义的事情……我们不知道这些大人到底是怎么回事。

现在，已经成年的你，应该会发现，这些人有一个共同点：**没有自控能力，放纵自己的坏习惯掌控自己的生活**。你一定也知道，没有人愿意处于这种状态，可是却有那么多人处于自己并不喜欢的状态，而且一再纵容自己。

如果你觉得这不过是一些生活小节，人活着应该对自己好一点，放纵自己的某些喜好也没关系，那么请来看看拿破仑·希尔的一项调查。

他在研究成功学时，曾经对美国各州上百所监狱的16万名犯人的性格做过研究，这些犯人都是成年人。他发现了一个惊人的现象，这些犯人中的90%都缺乏必要的自制力和忍耐力，于是他们总是一再纵容自己，终于到了不可收拾的地步。

其实大家都很清楚自己身上的哪些习惯是有益的，哪些是自己不认可的。对于自己不想拥有的习惯，请不要再说"我就是这样的人，改不了"。我们在成长过程中会形成自己独有的行为模式，处于这种模式之中，我们就会感到舒适，然后我们会认为自己就是这样的人。然而**事实不是这样的，这些模式是可以改变的，不要认为那就是真实的自己，不要轻易对自己做出评价，更不要纵容自己处于舒服的状态不肯改变。**

艾米丽刚刚工作，爱加班的名声就传遍了整个公司。原来，不管什么工作，她都喜欢拖到最后一刻去做。比如，周一开会，老板让她周四之前把会议记录整理出来，那么即便周二闲得无聊她也不会动手去做，一定要等到周三她才肯动手，也一定要等到大家都快要下班了她才肯进入状态。然后就加班熬夜把工作赶出来，第二天带着满脸疲惫和满眼红血丝把工作报告交给老板。

一开始大家没有发现这个规律，老板还夸奖艾米丽勤奋敬业，这些赞扬更加强化了她的这一恶习。那么，艾米丽是怎样养成这一习惯的呢？

这要追溯到童年时代。艾米丽的妈妈是一个对任何事情都要求非常严格的人，不管是艾米丽的功课还是完成的家务，妈妈总是要吹毛求疵挑剔一番。渐渐地，艾米丽开始寻找不挨骂的方法。她发现，只要自己最后一刻才把事情做完，妈妈即便责骂也没有办法再让她重新去做了，而且还会因为自己熬夜而更宽容一些。就这样，她养成了坏习惯。

一开始，这种做事方式没出什么问题，还为她带来了一些称赞。但渐渐地，当所有同事都发现，原来这是她一贯的做事方式时，赞扬声消失了，随之而来的是埋怨与斥责。

艾米丽觉得很委屈，可是除非不再纵容自己的坏习惯，否则没有人能帮她。

虽然改掉这些长久以来被自己纵容坏了的坏习惯很难，不仅需要勇气更需要毅力，但我们一定要意志坚定。当你下决心不再纵容自己时，就给自己定一些规矩，然后严格执行。如果不能一步到位就改掉，那就分步骤一点点进行，让坏习惯逐渐缩水。

比如，想要控制体重的你，可以先用巧克力等喜欢的食物代替油炸食品，然后再用酸奶等代替巧克力，再然后让自己慢慢喜欢上新鲜的水果、蔬菜。同时，为了让自己的意志力不要总接受挑战，我们可以远离诱惑。比如，避开快餐店、糖果店等。

· 大多数的失败者都输给了这两个字

"我很懒，懒到懒得为自己的存款寻找更高的利率，懒得为自己制订养老金计划，懒得去索取折扣券……我很有钱吗？不，我是个穷人。"

当我读到《福布斯》杂志列举的懒惰代价时，曾经拿这个问题去问过一些人。在我随机采访的20个人中，有13个正是这样的回答。这些人，也通常会等到最后一秒钟才会把邮件寄出去，到最后一分钟才会把垃圾丢出去，到最后一小时才肯动手处理明天是最后期限的工作。**他们中的很多人经济状况并不好，却依然懒得讨价还价。这种种行为，是不是可以从某种程度上解释为什么他们的经济状况越来越糟糕？**

　　我也曾经反思过自己身上是否有懒惰的行为，答案是有。我懒得在家里做更健康的饭菜；我懒得打理自己的园艺工具，以至于总是因为生锈要买新的；很多小伤痛我懒得去看医生，以至于后来要吃更多苦头；我懒得出门去拜访一个并不那么重要的朋友，以至于在未来的某一天失去了机会……反思过后，我一直都在努力改进，这也让我离成功越来越近。

　　那么，你呢？懒惰跟你有关系吗？我相信年轻的你，很少有人能经受得起它的诱惑。懒惰的表现形式非常多样，从极端的懒散状态到轻微的犹豫不决，都是它的表现。

　　你是否总是有很多想做却始终没有动手的事情；连自己喜欢的事情也懒得做；不喜欢锻炼身体和体育活动；日常起居极无秩序，没有要求，不讲卫生；常常迟到早退并且不以为意；不能按要求完成任务；常常丢三落四；不肯主动思考问题……假如这些现象在你身上出现了，那么我已经看到了懒惰的影子。

　　毫无疑问，懒惰是一种很舒服的状态。你可以懒懒地躺在床上，爱睡多久就睡多久；你可以不洗澡、不刷牙、不换洗内衣；你可以整天叫外卖、吃快餐；你可以把穿脏了的袜子直接丢掉买新的；你可以任由体重不断增长也绝不运动一下；你可以从来不做家务全都交给钟点清洁工；你甚至可以不学习、不上班，只要你明天还有饭吃、有地方住……

　　多么舒服的状态啊，可是，一旦你深陷其中，就好像温水煮青

蛙中的那只青蛙一样，让自己一步步走向灾难。正因为懒惰是非常有诱惑力的，所以每个人都可能败在它手下，于是许许多多根本不难办到的事情，被我们一再搁置，最终我们度过一个充满遗憾与失败的人生。

懒惰会让你付出巨大的代价，不管是身体还是心灵。想想看，身体懒惰就会让亚健康甚至不健康的生活方式伴随你，你希望自己的身体变成垃圾食品回收站，希望自己的身体成为细菌和病毒恣意疯长的场所吗？假如你不希望病痛吞噬自己的身体，就不要纵容懒惰肆意蔓延。身体是这样，心灵也同样如此。

正如富兰克林所说的那样："懒惰像生锈一样，比操劳更能消耗身体。"因为辛勤操劳消耗的只是体力，而懒惰消耗的却是心志。懒惰是一种心理上的厌倦情绪，这正是人生成功与幸福的大敌。

毫无疑问，我们中的大多数人都不能问心无愧地说："我的今天过得毫无遗憾。我已经努力把今天需要做的事情全部完成了。"很多人更喜欢在早上赖床，起来之后发呆，能拖到明天的事情今天决不动手，能推给别人的事情自己决不插手……这也就是为什么这个世界上遍地都是失败者，而成功者永远那么少。

那么，我们该怎样赶走懒惰这个敌人呢？**最直接的方法是为自己寻找一个目标和可以鼓励自己的力量。问问自己，你要得到什**

么？你最喜欢、最向往的东西是什么？先在心里为自己找到这个答案。当你确定目标之后，会发现许多行为开始变得有意义。当你认为某件事情有意义并且你有足够的动力去做时，自然就不会再漫无目的地懒惰下去了。

· 遵守你做出的任何承诺

著名的商业大亨J.P.摩根曾经说过这样一段话：

"一旦你在金钱的使用上有了不良的记录，我们公司就不会雇用你。很多公司也跟我们一样，很注重一个人的品行，并且以此作为晋升任用的标准。即使那个人工作经验丰富、条件又好，我们也不任用。我们这样做的理由有四：

"第一点，我们认为一个人除了对家庭要有责任感外，对债权人守信用是最重要的。你在金钱上毁约背信，就表示你在人格上有缺陷。买东西必须付钱、欠债必须还钱，这是天经地义的事。在金钱上不守信用，简直与偷窃无异。

"第二点，如果一个人在金钱上不守诺言，他对任何事都不会守信用。

"第三点，一个没有诚意信守诺言的人，他在工作岗位上必定也会玩忽职守。

"第四点，一个连本身的财务问题都无法解决的人，我们是不任用的。因为多次的财务困难很容易导致一个人去偷窃和挪用公款。在金钱方面有不良记录的人，犯罪率是一般人的10倍。当我们支出金钱时，要诚实守信，这一点也同样适用于我们做人处事。"

这也是很多人的心声。也许不肯信守承诺可以换来一时的利益，但利益可以以后再获得，**信誉和信任却不同，它一旦失去就很难重建。假如某些事情我们不能胜任，就不要轻易答应别人。一旦答应了别人，就必须践行自己的诺言。**

百事可乐的总裁卡尔·威勒欧普就是这样一个人。有一次他要去科罗拉多大学演讲，当地一位名叫杰夫的商人听说了此事非常兴奋，就通过演讲主办者约卡尔见面。卡尔看了看行程，演讲结束后还有15分钟时间，就答应了。

卡尔的这次演讲非常成功，大学生们与他有良好的互动。他兴致勃勃地讲述自己的创业史，讲一个人想要成功应该遵守哪些原则。结果不知不觉中已经超时了，当然不会有人打断他，所以他也没有停下来的意思。显然，他已经完全忘了与杰夫的约定。而杰夫为了赴约，早早就在礼堂后面等候了。

正当卡尔继续谈论成功法则时，一个人显得极不礼貌地从礼堂外走进来，径直朝他走过来，一言不发地放下一张名片离开了。卡尔拿起来，看到名片背后写着："您答应杰夫·荷伊在下午三点半见面。"

他猛然想起了答应别人的这次约会。现在该怎么办呢？自己怎么能一边在这里大谈做事要信守承诺，一边却与人失约呢？所以，没有任何犹豫，他终止了自己的演讲："谢谢大家来听我的讲演，本来我还想继续和大家探讨一些问题，但我有一个约会，而且现在已经迟到了。迟到已经是对别人的不礼貌，我不能失约，所以请大家原谅，并祝大家好运。"

虽然他选择丢下兴致正浓的学生们，但大家仍对他报以雷鸣般的掌声。卡尔迅速走出礼堂，找到了正在等待他的杰夫并且道歉。这次见面之后，杰夫总会把这段故事讲给朋友听，越来越多的企业家都对百事可乐更加信任了。

如果你认为他丢下学生去会见一位潜在的商业伙伴不足以证实其对承诺的重视，那么我们可以看卡尔的另一个故事。

女儿生日那天晚上，他答应要一直陪她。可是就在当天下午他接到市长的电话邀请他参加晚宴，他毫不犹豫地谢绝了："很抱歉，我已经说好今天晚上陪女儿过生日。我不想做一个失约的父亲。"

为了好好陪伴女儿，回家之后他关闭了手机。可是，刚刚切完蛋糕，他的助理急匆匆赶来了。公司有一位非常重要的大客户，临时到了这里做短暂停留，希望能够会见卡尔。然而不管助理和家人甚至女儿怎样劝说，卡尔都没有答应，选择了信守诺言陪伴女儿。

第二天一上班，卡尔就打电话给那位客户道歉，可是客户不但没有生气，反而对他表示赞赏："卡尔先生，其实我要感谢您啊，是您用行动让我真切地记住了什么叫一诺千金，我明白百事可乐公司兴旺发达的真正原因了。"后来，这位客户竟然因此跟他成了非常亲密的合作伙伴，即便在公司遭遇困难和危机时依然对卡尔表示信任。

正因为这个世界上太多人过于轻率地对待自己的承诺，不肯牺牲眼前的利益来遵守承诺，所以，重视承诺的人才显得更加珍贵，更容易令人信任和佩服。

你呢？在一个看似"人善被人欺"的社会，你会坚持做一个信守诺言的人吗？

· 习惯逃避，永远困在原地

　　任何你害怕的事物，你可以选择避开它们，也可以选择直面它们，选择权在你自己。然而，你知道，**一个害怕摔倒的孩子，是学不会走路的。一个不肯面对恐惧的人，是难以健康成长的，更别说成熟了。**

　　面对恐惧，当你鼓起勇气正视它时，会发现自己已经胜利了，它已经烟消云散了。很简单，恐惧是一种情绪，并非一种事实。当你不再逃避、勇敢面对时，它就已经被你从内心驱赶出去了。但你也一定知道，在恐惧面前，最难的是"不逃避"，直面你的恐惧。每次当你敢于面对一种恐惧时，你都会对自己更有信心一点。

印度诗人泰戈尔有这样一句诗："我不祈祷我的生活没有丝毫波折险恶，只祈祷我有一颗坚强的心去面对它们。"是的，这才是我们面对人生该有的态度。当你不再逃避时，也就意味着你在趋于成熟，你变得更加强大，你赢得了与恐惧较量的第一个回合。

我曾听过一场令人印象深刻的演讲。一个人讲述了自己在印度修行的一段神奇经历：

"那段时期，我一直在努力清除自己身上的负面情绪，我努力克制了愤怒、嫉妒、骄傲、懒惰等，但我却一直无法彻底赶走恐惧。修行的师父告诉我，你不用那么努力。我却始终不能理解他的用意。

"有一天傍晚，他把我带进一间茅屋，让我在那里冥想，第二天再出来。于是，我开始静心打坐。天黑了，我点上蜡烛继续。半夜时分，突然听到窸窸窣窣的声音。仔细一看，竟然是一条很大的蛇！我想起来印度盛产眼镜王蛇，这条大蛇是不是呢？我本来就非常害怕蛇，何况是独自一人在黑暗中和一条大蛇共处一室。我的第一反应是拔腿就跑。可是我没有动，不是克服了恐惧，而是无比恐惧，以至于害怕得一动不动，我手脚发软，更怕自己发出声音会惊动到蛇。

"就这样，我坐在那里，不敢动，也不敢闭上眼睛，不得不盯着那条让我无比恐惧的大蛇。在那间茅屋里，只有我、蛇和恐惧。

大约过了一个世纪那么久，燃尽的蜡烛熄灭了，我哭了。没错，我流下了眼泪。不是因为绝望，不是因为崩溃了，而是我终于想明白了。

"在极度的无助与恐惧中，我完完全全接纳了它。在这个过程中，我感受到了世间万物的痛苦、渴望、挣扎以及它们的珍贵。我不再害怕，而是满心感激。这时候，我的内心无比平静，站起来走到蛇面前，朝它鞠了一躬，然后回去继续打坐。

"很快，我安然入睡了，睡得很熟，就在我一直恐惧的蛇面前。第二天早上醒来，蛇已经不见了。我不知道那条蛇是真的存在，还是我自己的幻觉。可是这已经不重要了，**重要的是直面自己的恐惧，让我对它不再抗拒，当我接纳它、熟悉它、亲近它之后，我的世界完全改变了，我开始变得无所畏惧。**"

这就是我想要跟你分享的故事。这个故事让我明白了，直面自己的恐惧意义重大。面对恐惧，几乎所有人都会告诉我们，该如何战胜它、化解它、安抚它，或者吃某些药物，我们忙不迭地要摆脱它。可是，没有人告诉我们，应该先勇敢地承认它、面对它。

有时候，当我们无路可走、再也没有逃避的可能、不得不面对的时候，你会突然发现，事情并不像我们想象的那样。也许，这时候你直面恐惧，审视它、认识它，不过分美化它，也不对它进行恶魔化，反倒可以与它和平共处，就像自己内心的其他情绪一样。于是，你不会再逃避当下，也不会再让恐惧阻碍你的成长。

　　所以，我始终认为，在恐惧面前，不逃避就是第一步的胜利。当你真的可以做到不逃避、不退让的时候，也就是你真正成熟的时候。你不会再害怕，而是感到自己很幸运，因为勇气正是从这里诞生的。

· 只要做好自己，你就无须攀比

　　英国沃里克大学的教授克里斯·博伊斯和同事们进行了一项研究。他们调查了一万个人之后发现，我们是否快乐，并非取决于收入。

　　他说："过去40年里，每一个人的生活水平都提高了，所有人都是这样……我们的车变快，邻居的车也变快，与那些跟我们关系密切的人相比，我们没有优势。""如果朋友年薪是他的双倍，一些人可能年薪100万英镑都不觉得快乐。""一些人住着大房子、开着高级汽车，但如果在熟人圈中房子不是最大，汽车不是最新款，他就感觉不到这些物质本应带来的那份快乐。"

　　很难理解吗？一点都不。作为一个从小看着《赶上邻居琼斯》

漫画长大的孩子，我非常清楚这个道理，非常清楚自己身边存在着多少攀比现象。假如年轻的你没有看过这个漫画，那么让我来告诉你。

简单来说，漫画家阿瑟·莫曼德讲述了一个年轻人的故事。在1913年的时候，这个年轻人23岁，周薪已经达到125美元，那已经是相当高的收入了。他原本可以过得很快乐，他也的确过得很开心。直到他结了婚，和妻子一起搬到了纽约一个更高级的社区，拥有了很多富有的邻居。他的邻居琼斯一家非常富有，这让年轻人很不愉快。

于是，在看到琼斯家有仆人之后，他也雇了一个佣人。看到琼斯家经常举行盛大派对，他也为新邻居们举办了一个大派对。就这样，他陷入了和邻居琼斯攀比的泥潭，处处都模仿琼斯家的排场。可是，琼斯家非常有钱，自然可以承担得起各种豪华奢侈的花费，而年轻人的薪水根本不足以维持这样的局面。很快，他就因为这种竭力与琼斯攀比的行为而入不敷出了。直到这时，他才后悔莫及。

所以，很小我就知道，在我生活的这个社会，大多数人在自己变得富裕时，希望大家都知道；当他自己没那么富裕时，就希望人们认为他是富裕的，因此会努力在排场上与富裕的人、社会地位高的人攀比。

我还发现，正因为这样，**我们的快乐指数与自己拥有的财富多**

少没有太大关系，相反，它取决于对比。当我们比身边的人拥有更多时，我们就会更快乐。

简单来说，假如你有两块钱，可你的同学、同事、邻居都只有一块钱，那么你依然很快乐；但假如你有两亿，而你身边的人都有二十亿，虽然这些财富你可能一辈子也用不完，两亿和二十亿之间只是数字的差别，但你依然会不快乐。

想想看，在你身边或者自己身上是否存在这种现象呢？我承认，尽管自己很早就知道，不应该和邻居琼斯进行攀比，但自己依然没能完全摆脱掉它：

装饰房子的时候，我会观察邻居的房屋风格，一定要跟他们不一样，从屋顶的颜色到车库的大门，都要比他们的更漂亮、更有创意、更能吸引人；逢年过节的时候，我会精心挑选礼物和包装盒子，一定要把自己的礼品装饰得不比任何一个人的逊色……

但幸好，我跟别人的攀比仅限于此。所以我安慰自己，这是为了追求更好的生活品质。那种靠打击别人来满足自己虚荣心的行为我不曾做过，而且我会量力而行，更有理性，不会超出自己的承受能力与人攀比。

我认识一位在美国次贷危机中破产的女士，她是这样解释孤身一人的自己为什么要买那么大一栋别墅的："当你看到别人买了大豪宅，而自己还住在一间很小的公寓里时，心里没有失落感是不可能的。你就会想自己到底什么地方不如别人，为什么不去贷款买大房子，别人可以的我也可以。"有多少人是因为彻底迷失在这种攀比心理中，以致让自己背上沉重的债务负担和心理压力的呢?

所以，**当你一旦在与别人的对比中感到痛苦、不满时，就必须提醒自己，该停止了**。理智地面对个体之间的差异，努力做好自己就可以了，不要盲目给自己太大压力。

· 老了之后，你有大把时间用来放松

　　放松会让你很舒服，在放松的状态下，你可以像一只慵懒的猫咪，随意地躺着，无比地放松，也无比地自在。

　　可是，在危险来临时，这种姿态有助于你保护自己吗？或者，处于这种姿态的你，能够攀越更高的山峰、到达更远的远方吗？

　　每当我们过于放松的时候，也就是粗心大意之时，往往非常容易出现错误。为什么呢？

　　大家如果看过关于动物生存状况的纪录片，会发现那些被天敌猎食到的动物，往往都是处于放松状态、比较大意的动物；而那些保持警惕、打起十二分精神应对的动物，就相对比较安全。

　　人类也一样，当我们精神放松的时候，神经会松弛下来，不再

那么高度紧张，那么对外界的刺激就不会太敏感，也就不容易发现一些关于危险、变化的细微征兆。甚至，**在危险来临的时候，我们由于神经过于放松而不能快速启动身体的反应机制，从而错过最佳的逃生、纠正错误的时机。**

年轻的你活泼开朗，乐意帮助别人，却太自由散漫，总管不好自己。你喜欢玩耍，这并不是你的缺点。可是，如果只放松不紧张，成功会自己长翅膀飞到你身边吗？贪玩占用了你很多时间，爱玩虽不是缺点，可是却会影响你的进步。

二十多岁的你总是充满了活力、精力，你处在人生的春天，享受着无尽的美好，你好奇心强，头脑清醒。但是，太多年轻人不清楚有很多使命等着他去完成，好多愿望等着他去实现。他们留恋于玩乐之中不能自拔，不肯力求上进。但是他们却不明白自己是在浪费大好的时光，难道非要等到老去的时候才悔之晚矣吗？难道他们真的想浑浑噩噩过一辈子吗？

当然不想。但是在这个充满竞争的年代，本来就很难找到自己的立足之地。如果在年轻的时候过于放松，没有立身之本的话，根本不可能有所成就。

如果你想在进入社会后，在任何时候任何场合下都能得心应手，那么你在学习期间，就要放弃晒太阳的时间。

年轻的你，渴望过上小猫咪般悠闲放松的日子吗？社会不会给你放松的可能，因为在你放松的时候并没有因为休息而获得更多能量，相反，那是一个能量流失的过程。不紧张、不思考、不进取，这种松懈的状态会让心灵和身体都陷入疲懒之中，对你的成长和进步不会有帮助。

一个年轻人的生活节奏必然是紧张的，否则怎么能出众？在这个竞争激烈的社会，你不要奢望有什么事可以轻松地完成，你必须全力以赴才能及格或者更优秀。

也许你会觉得这种状态过于残酷，可是你也知道，**是紧张，而不是放松，才能让你不断挑战自己的智力和忍受力，并且帮助你去延伸自己的能力极限。只有这样，才能让你不断汲取更多能量，让你不断超越自我，达到自己所能到达的最高程度**，不是吗？

也许你会说，我们需要工作也需要休息，所以课余时间或者工作之余我要娱乐。没错，可是年轻的你现在不是祖父祖母那样，可以尽情享受退休的时光，我们需要记得的是爱因斯坦的话："人的差异在于业余时间。"这也正是为什么很多人说，只要看一个年轻人怎样度过自己的业余时间，就可以预言这个人的未来怎样。

你想拥有怎样的未来呢？假如你有远大的志向和美丽的梦想，怎么可能会有时间打盹呢？在别人都放松的时候你也放松，又怎样能够超出众人呢？况且，很多时候只要你稍微一放松，就会给错误可乘之机。

所以，年轻的你，还不是像小猫一样慵懒放松的年龄，请不要让自己过得太舒服太放松了，因为这时候的你，更需要能量，更需要成长。

· 一个心理技巧，让你做得更好

假如别人暗示你，你能做得更好时，会出现怎样的情形呢？

假如你告诉自己，你是自己所在学校中最有发展潜能的学生，那么你很有可能真的会发展得很好。

根据心理学家巴甫洛夫的理论，"暗示是人类最简单、最典型的条件反射"，也就是说，即便我们自己心里非常清楚这种暗示只是一种主观的意愿和假设，不一定或者根本没有根据，但是由于实际上我们主观上已经肯定了它的存在，那么潜意识也就会尽力趋向于这些内容。

比如，认真想象一下，你正在切开一只刚从树上摘下来的、芳香四溢的橙子，现在你拿起它，感受到甜美的橙汁正在流向你的咽喉，而你的舌头正在感受果肉的质感，怎么样？是不是感觉已经有唾液分泌了呢？这就是一种条件反射。同样，你暗示自己充满活力，暗示自己无比聪明，也会有同样的效果。

所以，**不要认为暗示是一种自欺欺人的把戏，它是一种非常有效的激发潜能的工具。**

因此，如果你想要让自己拥有更好的状态，不妨给自己一点暗示。

瑞士有一位艺术家，他想要帮助那些饱受失眠困扰的人们，于是雕刻了一尊睡眼蒙眬、正在打哈欠的雕像。这座雕像的表情是如此逼真，以至那些失眠者看着它，也开始打瞌睡了。

无独有偶，我见到一家电视台也是这样做的。它们在全天节目结束之后，在屏幕上会显示"晚安"，然后出现一个昏昏欲睡、不停打哈欠的人，用来帮助那些在深夜无眠的人们尽快入睡。而某个城镇为了让乘客安心等待公交车，就在公交站牌旁放上几尊排队候车的石膏雕像。结果证明，它们可以有效培养乘客的耐心。

这就是自我暗示的作用，效果类似于催眠，却有着更加积极的意义。对于良性的自我暗示，不管一开始是受到外界驱动还是自觉自愿，倘若坚持下去，都能取得不错的成效。

当然，**暗示有积极的，也有消极的。我们需要做的是尽量摒弃消极的暗示，向自己内心输入积极的自我暗示，让这样的信息循环往复，从而形成积极的心态，拥有更正面的行动。**现在就让我们一起来看看应该怎样给自己有益的暗示：

① 把自己的优点扩大。尽可能多地列举自己的优点并且把它放大，让自己感觉良好。

② 把消极因素淡化。比如，尽可能避免使用消极字眼，了解自身的缺点但绝对不将其放大，出现负面情绪时第一时间想办法化解，等等。

③ 给自己设置积极的暗示语。比如，"我很高兴！""我一定行！""我能做得更好！""我越来越进步！"等等。每天睡前和起床后，默诵或者大声读出你的暗示语。同时，你一定要投入感情，认为自己真的是这样，并伴随一定的体态语，让自己感觉到力量。

此外，你还可以把充满鼓励和期望的暗示语进行录音，然后在睡觉前将其打开，伴着这种声音入睡。由于人在尚未睡熟或彻底清醒之前，是潜意识最活跃的时期。在这种状态下，暗示会收到明显的效果。所以，千万不要错过这些时机。

· 5 个简单原则，让自己多一点自控力

　　有些人，他们身上散发着与众不同的光芒，事业上如日中天，过着众人称羡的富裕生活，似乎他们的人生无往不利，他们天生就注定是幸运的人。

　　但实际上，这些春风得意的人无论是智力还是外貌，与我们并无多大的区别，上天也没有对他们格外地眷顾，只因为他们懂得运用心态的力量。

　　深入分析这些人的成长历程，不难发现，他们身上的确有着异于一般人的特质，**他们的心从不受到束缚，几乎顽固地坚持自己的理想，为此甘愿承受重负；他们有着果决的行动力；他们对人生一向抱着积极热忱的态度；他们有着行之有效的自律生活，以及毫不**

虚华、踏实的生活态度，他们理当受到生活的厚遇。

所以，或许那些成功的人们，不管是运动健儿，还是商界精英、政界领袖，他们和其他人中间有着一条明显的界线。这个界线就是自我管理，自我控制。

著名的成功学大师拿破仑·希尔经过数十年的研究和探索，总结出了获得成功的17条准则，这些准则被人们称为"黄金定律"。其中被列为第五条的是**"要有高度的自制力"**。在这方面，拿破仑·希尔有着深刻的切身体会。

在创业初期，拿破仑·希尔通过一件小事发现自己缺乏自制力。这件小事给了他惨痛的教训，使他认识到一个人要想取得成功必须先学会控制自己。

有一次，希尔和办公大楼的管理员发生了一场误会，当时他碍于面子没有向管理员道歉。从那以后，他们两个人之间彼此憎恨，甚至演变成激烈的敌对状态。后来，管理员知道有时整个办公大楼里只有希尔一个人在工作，就会把电闸拉下来，使办公室里面一片漆黑。这种事情一连发生了几次，希尔很愤怒。

一天，希尔正在办公室里紧张地工作着，电灯又熄灭了。希尔立刻跳起来，冲进管理员办公室。希尔到了那儿，管理员正在悠闲地吹着口哨。希尔气愤极了，就对着他破口大骂起来。希尔把能想出来的恶言恶语都用上了。那位管理员一点儿也没有生气。后来，希尔实在想不出什么骂人的话了，只好停住。这时，管理员转过身，用柔和的语调对希尔说："你今天是不是太激动了？"他的话很柔软，但希尔却感到像一把利剑刺进了自己的身体。希尔站在那儿，不知道说什么好。

希尔在想，我是一个研究心理学的人，竟然对着一个没有多少文化的管理员大喊大叫，这实在是一件令人感到羞辱的事情，希尔飞快地逃回了办公室。坐在办公室，希尔什么也干不下去了，管理员的微笑老是缠绕着他。希尔认识到了自己的错误，他决定向管理员道歉。

管理员见希尔又来了，仍然用温和的语调说："这一次你又想干什么？"言语中充满了挑战的意味。希尔告诉他是来道歉的。他说："你不用向我道歉。你今天所说的话，只有天知地知、你知我知，我不会把它说出去的，我知道你也不会把它说出去的，我们就这样了结了吧！"希尔被管理员的话震撼了。他高度的自制力使希尔再一次被打败，希尔走上前去，紧紧地握住了他的手，真诚地向他表示歉意。

这件事使希尔认识到，一个人如果缺乏自制力，就有可能变得疯狂。这样，他不仅不能结交到朋友，反而非常容易树敌。拿破仑·希尔用自己的亲身经历，向我们讲述了自制力对于一个人取得成功的重要性。一个人能否有所成就，机会和能力是关键因素，但是学会控制自己也是不可缺少的重要条件。

虽然"自我控制"听起来是个过于空洞的词汇，细说起来内却涵很明确。**所谓"自我控制"，可以理解为，认识、培养、建立、维护自己生活的规则和模式，然后努力让自己的生活变成某种样子。**

或许你觉得自己的自制力不错，那么现在就来回答一个问题：在一天高强度的学习或工作之后回到家里，你是否可以轻易控制自己的情绪？

如果不能，就不要对自己的自制力太过自信了。

自制力强的人，具有内在的、清新的、巨大的、无声的能量，他每一次成功运用自制力的结果，都能获得更多智慧、安宁与能量。

而一个缺乏自制力的人，会很容易受到负能量的影响，行为更容易失控。

那么，我们该如何提高自己的自制力呢？哈佛大学心理学家霍华德·加纳德给自己的学生提出了五点建议，我相信这会对你很有帮助：

⊙**远离那些破坏自制力的事物。**

破坏自制力的事物包括：酒精、娱乐、无休止的聚会、美食等。生活中，你一定要离这些"诱惑源"远一些，这一点对于自制力薄弱的人来说尤为重要。

⊙**学会掌控自己的时间。**

你应该在每天晚上睡觉前为自己制定一份清单，包括你第二天的工作或学习内容，最好具体到每个时段，每完成一项划掉一项，坚持做下去，自制力就会提高。

⊙**积极地调整你的情绪。**

当情绪欠佳时，自制力就会下降。所以，你有必要学会调整情绪，例如减少使用负面的词语，停止抱怨，或是尽量转移注意力，让自己的情绪稳定下来。

⊙**不要为自己寻找借口。**

自制力差的人，一般也喜欢寻找借口来放松自己。所以，如果能够远离借口，自制力也会相应地得到提升。

⊙**做一个信守承诺的人。**

信守承诺，不光是一种美德，更是一种意识上的自我约束。当你对自己或别人做出承诺时，你应该时刻牢记这种承诺，用行动去实现承诺。